KB196758

세계숲

추천의 말

과학적 발견과 신화적 상상력이 어우러진 독창적
스토리텔링이 독자의 마음을 사로잡는다.
《세계숲》은 나무가 산소를 생산하고, 탄소를
저장하며, 물을 정화하고, 생태계를 지탱하는
과정을 과학적으로 풀어낸 40편의 에세이로
구성되어 있다. 저자는 현대 생태학의 지식에
고대 켈트 전통을 결합해 나무와 숲을 새로운
관점으로 조명한다. 이를 통해 독자는 나무를
단순한 자연의 일부가 아니라, 기후 변화와 생물
다양성 위기 등 전 지구적 문제를 해결할 핵심
파트너로 재발견하게 된다. 그리고 전 세계 숲을
되살리기 위해 토종 나무를 심으라는 저자의
촉구에 귀 기울이게 된다.

《세계숲》은 심각한 환경 위기에 직면한 우리에게 숲을 되찾고 지속 가능한 미래를 설계하는 데 필요한 실천적 방법과 영감을 제시한다. 단순히 과학적 지식을 전달하는 데 그치지 않고, 자연과 새로운 관계를 맺는 법을 알려줌으로써 우리가 지구와 다시 연결되게 하고 더 나은 미래를 꿈꾸게 한다. 이 책은 지구와 생명을 사랑하는 모든 이들에게 깊은 울림과 탁월한 지침을 선사할 것이다.

— 이정모 (전 국립과천과학관장, 《찬란한 멸종》 저자)

《세계숲》은 나무와 숲에 관한 단연 아름답고 독창적인 산문집이다. 과학적 엄밀성과 시적 언어로 조탁된 40편의 에세이들이 지구 숲의 눈부신 복잡성과 찬란함, 그리고 파괴적인 생태 위기 속으로 우리를 안내한다. 이 책이 들려주는 교훈은 숲의 과거와 미래가 결국 우리의 모든 것이라는 점이다. 인간이 지구별의 영속을 위해 할 수 있는 유일한 방편은 숲과 나무를 지키며 그 곁에서 자연의 일부로 살아가는 것이다.

오염물질을 흡수하고, 공기 중 입자를 빗질하며,
유익한 곤충을 보호하는 등 《세계숲》 속에
등장하는 나무들은 지금껏 거의 알려지지 않았던
매혹적인 특성들을 한껏 드러낸다. 호흡하고,
소통하고, 번식하며, 치유하고, 심지어 양육하는
나무들의 경이로운 생명력이 페이지마다
펼쳐진다. 인간 중심적인 관점이 아니라 숲의
시선과 나무의 언어로 써내려간 다이애나
베리스퍼드-크로거의 이 독보적인 자연사는
분명히 당신에게 놀라운 선물이 될 것이다.
— 이송희일 (영화감독, 《기후위기 시대에 춤을 추어라》 저자)

시와 과학을 버무려 나무를 새롭게 조명하는
시의적절하고 시적인 책이다. 1960년대 레이첼
카슨의 《침묵의 봄》이 매를 구했듯 이 책에는
나무를 구할 잠재력이 있다. 저자는 자신에게
친숙한 여러 과학 분야에서 수집한 사례를 시인의
억양과 북아메리카 토착민 불 수호자의 예언적
통찰을 구사하여 다시 들려준다.
— 《BBC 와일드라이프》

베리스퍼드-크로거의 아이디어는 자연사에 대한
보기 드문 접근 방식을 보여준다. 《세계숲》에
실린 에세이들은 광범위한 과학 지식을 바탕으로
각각의 주제들에 아름답고 시적인 찬사를
보낸다. 다이애나와 나는 사람들이 숲과 나무,
그리고 야생 환경에서 서식하는 야생 동물을
자세히 볼 수 있기를 바란다. 우리는 토착종
하나하나가 이 땅의 깊은 역사에서 차지하는
특별한 자리를 위해 소중히 가꾸어지기를
바란다.

— 에드워드 O. 윌슨(생물학자)

베리스퍼드-크로거는 나무의 모든 것을
열성적으로 옹호한다. 평범한 연구 과학자의
한계를 뛰어넘어, 아직 실현되거나 입증되지는
않았지만 인류를 먹이고 치유하고 위로하고
생기를 불어넣고 궁극적으로 무심한 자기
파괴로부터 구원할 힘을 숲이 가졌다고
역설한다.

—《글로브 앤드 메일》

나무의 힘에 경의를 표하는 책이다. 베리스퍼드-크로거의 혁신적 연구 덕에 우리는 나무가 어떻게 숨 쉬고 소통하는지뿐 아니라 어떻게 재생산하고 치유하고 양육하는지도 이해하게 되었다. 생태, 과학, 영성을 아우르는 마흔 개의 짤막한 장들 중 하나만 읽어도 '숲의 제왕'의 처소인 보이지 않는 마법 세계에 빠져들게 된다.
—《에콜로지스트》

쉽고 술술 읽힌다. 이 책은 세상을 새로운 관점에서 보게 해주는 큰 그림의 과학이다. 하지만 밑바탕에서는 상세한 지식과 전문성도 뚜렷이 엿볼 수 있다.
—《시애틀 포스트-인텔리전서》

다이애나 베리스퍼드-크로거는 자신이 애정하는 주제인 나무를 향한 영원한 열정을 품고서 고대와 현재의 지혜, 생태와 의료를 시적인 글로 엮어내는 비범한 과학자다.
—《시드》

베리스퍼드-크로거는 흥미진진한 마흔 편의 에세이를 통해 단순하면서도 심오한 하나의 이야기를 만들어낸다. 감히 말하건대 이 서술 방식은 인류의 다양한 종교 경전에서 보아왔던 것과 다르지 않다. 이 책은 필독서다. 지구 온난화와 기후 변화라는 쌍둥이 악에 대해 여전히 회의적인 사람들은 더더욱 읽어야 한다.

―《위니펙 프리 프레스》

나무와 생물의 상호 연결에 대한 중대한 통찰이 많이 담긴 중요한 책이다. 베리스퍼드-크로거의 질문과 우려는 귀중하고 예언적이다.

―《오라이언 매거진》

환경과학을 참신한 관점에서 들여다보는 이 책에는 게일 전통이 생생히 살아 있다. 오늘 아침 일터로 걸어가면서 새로운 존경심과 경외심으로 나무를 바라보기 시작했다는 말을 꼭 해야겠다. 이 책의 임무가 완수되었다고 말할 수 있으리라.

―《뉴 사이언티스트》

베리스퍼드-크로거는 시적인 이야기꾼이다. 기후
변화에 대해서뿐 아니라 암을 비롯한 수많은
병에 대해서도 숲에 해법이 있다고 단언한다.
— 《온 네이처》

《세계숲》은 한 번도 읽어본 적 없는 종류의
책이다. 세상에서 가장 거대한 숲속을 거닐며
정신이 변화되는 느낌이다. 그리 멀지 않은 인류
역사와 의식의 가장 깊숙한 틈새를 뒤돌아보고
과학의 가까운 미래와 그 결과를 내다보며
머리카락이 쭈뼛 곤두서지만, 끌 수 없는 희망과
갈망의 희미한 촛불을 품고서 앞을 바라본다.
— 릭 배스 (미국의 환경운동가)

신화에 과학과 시를 접목했으며 모든 페이지에
정확한 정보가 담겼다. 과학이 시를 떠받쳐
누구도 넘볼 수 없는 걸작이 되었다. 앞으로
오랫동안 독자에게 감동을 선사할 것이다.
— 《타이페이 타임스》

아일랜드와 게일의 이야기꾼 목소리를 가진
베리스퍼드-크로거는 청중이 이해할 수 있는
글로 그들을 사로잡는다. 연관이 없어 보이는
두 주제를 연결하여 청중을 이 숲 세계로 인도한
다음 두 개념을 하나로 엮어 더욱 다급한 두
가지를 보여준다. 그것은 행성 지구의 비명과 그
비명에 답해야 할 인류의 책임이다.
─《뉴 월드 리뷰》

이 책에 실린 마흔 개의 이야기는 약효와 탄소
흡수 능력부터 유사 이래 문화와의 영적 연결에
이르기까지 나무의 고유한 가치를 들여다본다.
이 책은 노숙림의 느릿느릿한 고요처럼 당신의
영혼 속으로 파고든다. 섬세하게 내려앉아
뿌리를 찔러넣고는 결국 굳건히 자리 잡는다.
─《캐나디언 지오그래픽》

세계숲

The Global Forest

나와 지구를 살리는
경이로운 나무들의 이야기

다이애나 베리스퍼드-크로거
노승영 옮김

아를

에리카에게

작은 손바닥이
내 손바닥에 꼭 맞는구나.
우주의
엄마와 아이.
넌 내게
사랑의 노래란다.
네 옆에 있는
온갖 아름다운 것들이
네 안에 깃들 거야.

일러두기

- 이 책은 다이애나 베리스퍼드-크로거의 *The Global Forest*(2010)를 한국어로 옮긴 것이다.

- 책의 제목 'The Global Forest'의 번역어 '세계숲'은 세계의 중심이자 세상을 떠받치는 신화적 나무인 '세계수'에 빗댄 것이다. 숲마다 어머니 나무가 있듯 지구에는 세계숲 또는 세계정원이 있어서 뭇 생명을 보듬는다.

- 이 책에 수록된 그림과 사진은 한국어판에 추가한 것이다. 특히 식물 세밀화(총 21컷)는 독일의 식물학자이자 식물 삽화가 오토 빌헬름 토메Otto Wilhelm Thomé(1840-1925)의 《독일, 오스트리아, 스위스의 식물상*Flora von Deutschland, Österreich und der Schweiz*》(1885)에서 발췌, 편집한 것이다.

- 식물의 학명에 대응하는 한국어 정식 명칭이 없는 경우 옮긴이가 제안한 작명을 따랐으며, 괄호 속 옮긴이주에 이를 밝혀두었다.

- 국립국어원의 한글 맞춤법과 외래어 표기법에 따르는 것을 원칙으로 했으나, 일부 굳어진 표기에는 예외를 두었다.

머리말

내 어린 시절 풍경은 아일랜드의 숲과
들판이었다. 들판은 가시금작화의 반짝이는
진노랑색으로 가득했다. 가시금작화 덤불
사이사이로 자라난 풀들이 여러해살이 삶의
초록을 보드랍게 노래했다. 덤불을 없애
목초지를 넓히라고 말하는 사람은 아무도
없었다. 가시금작화는 자연의 일부였다. 한데
어우러져 인간과 짐승을 둘 다 먹여 살리는
전체의 일부였다.

나는 몸집이 작았기에 생울타리 구멍을

비집고 들어가 말 여러 마리와 내 애정 공세를
참아준 용감한 당나귀 한 마리를 따라다닐 수
있었다. 소 떼도 있었고 양도 몇 마리 있었다.
다들 좋아하는 아침 목초지에 나와 있었다.
들판은 넓고 가팔랐다. 비탈 기슭에서는 검은
바위 사이로 개울이 흘렀다. 들판은 아침 햇볕을
고스란히 쬐었으며 풀은 아침 이슬을 듬뿍
머금었다.

　　　나는 말과 당나귀가 무엇을 할지 알고
있었다. 가시금작화 덤불에 다가갈 것이다.
진노랑 꽃에 주둥이를 들이밀고는 원하는 지점에
도달할 때까지 덤불 가장자리를 따라 코를
킁킁거릴 것이다. 그런 다음 찡그린 표정으로
입술을 말아 기다란 두 줄의 누런 이빨을 드러낼
것이다. 주둥이를 벌리고는 나뭇잎의 윤곽을
따라가며 잎을 싹둑싹둑 베어 물 것이다.
먹이를 삼키는 나직한 소리와 갖가지 부드러운
숨소리를 내며 초록 아침 식사를 편안히
되새김할 것이다. 꼬리를 일없이, 언제나 다들
일사불란하게 저을 것이다.

나는 금지된 땅에 있었다. 나이는 다섯 살이었다. 말은 위험했다. 당나귀는 더더욱 위험했다. 말의 다리, 특히 뒷다리에 가까이 가지 말라는 소리를 듣고 또 들었다. 하지만 다리는 내 관심사가 아니었다. 나의 관심사는 이빨, 그리고 무엇보다 말들이 세심하게 뜯어 먹는 덤불이었다. 관찰에서 얻은 수확도 있었다. 똥의 맛난 부산물인 주름버섯*Agaricus campestris*이었다. 버섯이 자란 곳에서는 본디 가시금작화*Ulex europaeus*가 자라고 있었다. 아일랜드의 언덕과 골짜기에 흔히 자라는 두 종의 울렉스속 중에서 큰 쪽이었다.

농장의 가시금작화는 생울타리를 꼭 끌어안고 있었다. 두 울렉스속 중에서 작고 땅딸막한 종은 아래쪽 개울가 검은 바위들 옆에 있었다. 이 난쟁이가시금작화*U. gallii*는 땅바닥에 바짝 엎드려 있었기에 쉽게 관찰할 수 있었다. 나의 눈길을 사로잡은 것은 콩꼬투리처럼 생긴 노란색 꽃으로, 손으로 살짝만 옆으로 비틀어도 벌어져서 은밀한 속을 보여주었다. 두 종 다 무자비한 가시가 믿을 수 없을 만큼 뾰족했다.

나의 조그만 손으로는 만질 수 없었지만 말과
당나귀는 개의치 않고 맛있게 먹었다. 소의
입맛은 그들과 달랐다.

　　더 어릴 적에는 집안의 누군가가 나를
데리고 나가 일주일 치 빨래를 널었다. 내
원피스를 비롯한 모든 옷이 가시금작화 덤불
위에 펼쳐졌다. 젖은 옷의 무게에 눌린 가시가
삐죽삐죽 튀어나왔다. 대서양의 달짝지근한
바닷바람에 옷이 마르고 나면 원피스에는 통풍
구멍이 빼곡했다. 무명천에는 가시금작화 덤불
모양이 새겨졌다. 볼 때마다 우스웠다.

　　가을 햇볕에 물기가 바짝 마르면 산과
들은 자주색 이부자리를 덮었다. 황야의 작은 종
헤더꽃이 딸랑거리고 고사리가 타들어갔다. 말과
당나귀의 똥은 바스러져 풀 속으로 섞여들었다.
이 혼합물로부터 버섯이 솟아올랐다. 수생
동물처럼 넓은 아가미가 달린 커다란 버섯이었다.
앉은 자리에서 들판을 내려다보면 사방이
버섯이었다. 갈색과 흰색의 단단한 몸집에
달린 억센 자루와 분홍색 갓이 아침 첫 햇빛에

반짝거렸다.

　　나는 원피스를 오므리고는 버섯을 뽑아
담았다. 첫 수확물을 가지고서 농장에 돌아갔다.
부엌에 들어가자 웃음소리와 킥킥거리는 소리가
나를 반겼다. 버섯을 흔들어 흙을 떨어냈다.
집에서 만든 버터를 버섯 사이사이에 한 조각씩
넣었다. 그런 다음 빵판에 놓고 이탄 불 위에
올려 구웠다.

　　앎의 끈들이 머릿속에서 기억을 잇는다.
울렉스속 가시금작화는 콩과에 속한다.
콩과는 부지런한 질소고정식물이다. 말은
질소를 섭취해야 한다. 그래서 말똥에는 질소가
풍부하다. 이 질소 덕에 주름버섯은 자실체를
틔울 수 있었다. 그리고… 나는 버섯을 배불리
먹을 수 있었다.

　　이것은 다섯 살배기에게 인상적이었고
지금의 나에게도 인상적이다. 숲과 우리의 삶은
이어지고 얽혀 있다. 어떻게인지는 알 도리가
없다. 이따금 과학이 끼어들어 답을 내놓는다.
답이 하도 간단해서 뻔할 때도 있다. 이 책은

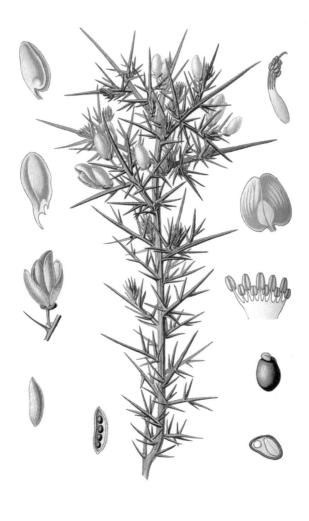

가시금작화

Ulex europaeus

이 아이에게서, 황금색 가시금작화 들판에서
탄생했다.

하지만 이 책은 또 다른 선생의 손과
마음도 거쳤다. 아일랜드 풍경을 떠돌다 오래전
자취를 감춘 사람. 그는 고대의 지식을 가득
품은 채 나비처럼 내려앉았다. 언제나 밤에
찾아왔는데, 좁은 길 보하린bótharín의 향기
나는 어둠을 뚫고 농장에 당도했다. 남자는
그 부류의 모든 사람과 마찬가지로 토탄으로
데운 부엌에서 전통적으로 하나의 물건에 대해
소유권이 있었다. 그 소유물은 장의자leaba
shuíocháin였다. 널빤지로 만든 딱딱한 벤치로,
불의 공동체 옆에 있는 그의 침대이자 의자였다.

이 떠돌이는 샤너히Seanchaí, 즉 구전
이야기꾼이었다. 아일랜드 형제들의 민담과
구전을 전승하는 사람이었다. 그는 가문 내에서
전수된 이야기를 누구에게나 들려주었다. 그의
일족의 살아 있는 기억 저장고였다. "그가 바로
그 사람이었어!" 샤너히는 농장의 가장 중요한
방문객이었다. 그가 앞장서고 나머지 사람들은

서열대로 뒤를 따랐다. 그의 목소리에는 인생의
신비가 담겨 있었으며 그가 낸 수수께끼는 그
신비를 게일 지혜의 옛 보좌에 얹었다.

그가 배불리 먹고 이탄 불 옆에 자리
잡으면 언덕이 금세 텅 비었다. 동네 농부들은
달짝지근한 짚 냄새와 젖이 도는 암소의 냄새를
풍기며 머릿속에는 낚싯대와 농어를 담은
채 찾아왔다. 산사람들은 아일랜드어 시의
거센 물결과 함께 반쪽 문half-door(위아래 둘로
나뉜 아일랜드의 전통 출입문.—옮긴이)을 열고서
내려왔다. 모두가 모였다. 그들이 언제나 머무른
까닭은 밤이, 그날 밤이 무척이나 감미로울
터였기 때문이다.

샤너히는 젖은 개처럼 시작했다. 늑대처럼
엉덩이로 원을 세 번 그렸다. 생각을 후렴구처럼
불꽃 속에 던져넣어 떠다니다 사람들이 씹고
곱씹고 마지막으로 소화하도록 했다. 생각은 늘
짧았다. 게일어일 때도 있었고 아닐 때도 있었다.
엉덩이를 들어 걸음을 내디디며 주의 깊게 내뱉은
낱말들은 짧은 후렴구가 되었다. 이 대목은

과거의 메아리가 자신의 영역으로 들어가듯
스스로에게 놀라며 이 사람에게서 저 사람에게로
전해졌다. 그러고는 이야기가 시작되었다.

　　이렇듯 나는 이야기 하나하나를 처음에는
후렴구처럼 당신에게 내놓는다. 이것은 생각을
위한 것이다. 발상은 마음의 양식이다. 생각과
발상은 호기심을 낳는다. 그런 다음에 나의
이야기가 시작된다. 이야기는 마흔 자락이다.
각각 에세이 형식으로 쓰였다. 이야기들을 합치면
'세계숲'이라고 불린다. 나무 하나하나에 달린 잎
하나하나가 세계숲을 이룬다.

　　이 숲은 생명이라고 불리는 거대한
율동적 원을 그리며 잎 하나하나의 꿈을
밀어주고 완성한다. 아무것도 밖에 있지 않다.
우리는 전체를 초월하는 하나 속에 있는 모든
것이다. 어쩌면, 다만 어쩌면 신과 공명하는지도
모르겠다. 만일 그렇다면 우리는 모두 신의
자녀다. 지렁이, 바이러스, 포유류, 어류, 고래,
양치식물, 나무, 남자, 여자, 아이까지. 모두가
동등하다. 다시 또다시.

차례

The Global Forest

생명의 색

숲의 붉은색과 초록색은 신비로운 생명을
상징한다

붉은색과 초록색은 고대 이래로 신비로운
색깔이었다. 두 색깔은 글이 생기기 오래전부터
인류에게 상징이었다. 붉은색과 초록색은 켈트
전사의 색깔이었다. 그들이 벌거벗은 채 유럽을
누비며 전투를 벌이는 동안 아일랜드 본토에서는
드루이드교 사제들이 예배를 드리고 기도를
올리며 전사들에게 성스러운 이미지를 입혔다.
색깔은 이름과 같아서 마음속에 간직된다.
시각적으로 단순하기에 기억 깊은 곳에
남는다. 붉은색과 초록색은 즉각적으로 정서를

환기하므로 문명의 조류에 올라탄다. 의미와
상징을 고스란히 엮어 현대 기술 시대에 광고용
미끼로 던져진다.

세계정원에는 아주 잘 알려진 나무가
있다. 유럽, 아프리카, 중국에 서식하는
늘푸른나무인 호랑가시나무*Ilex aquifolium*다.
북아메리카에는 갈잎나무(낙엽수)의 사촌인
미국낙상홍*I. verticillata*과 늘푸른나무의 사촌인
미국호랑가시나무*I. opaca*가 있다. 모두 중요한
약용 나무로, 고열을 다스리는 데 쓰인다.
드루이드교는 오래전부터 빛과 어둠의 토속
축제에서 호랑가시나무를 썼는데, 이 축제는
오늘날 성탄절이라는 이름으로 전해진다.

호랑가시나무는 성탄절 기간에 전 세계로
운반된다. 옛 이름이 '성스러운 식물'이어서
아기 예수의 탄생에 잘 어울린다. 이 종은
잎이 황록색이고 선홍색 베리가 조랑조랑
달린다. 성탄 축일에 집을 장식하는 데
쓰인다. 크리스마스 푸딩 꼭대기에도 새빨간
호랑가시나무 열매를 얹는다. 모두가 이교도

시절의 메아리다.

호랑가시나무는 초록색과 붉은색이
어우러진 신비로운 식물이다. 이 진한 색깔은
고대 원시림의 초록과 그 숲이 지닌 모든
비밀스러운 힘을 나타냈다. 그곳은 예나
지금이나 많은 사람들에게 성스러운 장소다.
호랑가시나무의 황록색 잎은 시각적 속임수다.
잎의 윗면에 매끈한 막이 있어서 색깔을 진하게
하고 시각적 깊이를 더한다. 드루이드교는
호랑가시나무 열매의 색깔을 희생 제물이 흘리는
신선한 선홍색 피의 색깔로 여긴다. 그 제물은
물론 인간이다.

이에 더해 켈트인들에게 붉은색과
초록색은 우리 삶의 양면을 상징했다. 그것은
그때에도 참이었고 지금도 참이다. 황록색은
우리에게 유익하고 생명을 유지시켜주는
식물을 상징한다. 붉은색은 자아, 순환, 그리고
우리 몸속을 흐르는 피에 대한 깊은 변연계적
지식이다. 인간과 숲이라는 두 체계는 서로에게
기대고 있다.

붉은색과 초록색의 상징, 더 나아가
신비주의는 분자 수준으로 거슬러 들어간다.
피는 붉은 색소로, 기름과 같은 역할을
한다. 주로 말랑말랑하고 유동적인 혈색소
분자로 이루어졌으며 적혈구 세포라는 도넛
모양 주머니에 들어 있다. 피는 기발하게
설계되었는데, 식물의 초록색 지용성 색소인
엽록체와 놀랍도록 비슷하다. 엽록체도
주머니여서 안에 말랑말랑하고 유동적인 엽록소
분자가 들어 있다. 두 자매 분자인 혈색소와
엽록소, 붉은색과 초록색은 생명의 패턴을
조율한다. 혈색소와 엽록소가 없으면 우리는
종으로서도 행성으로서도 살아남지 못할 것이다.
　　　하지만 분자 이야기는 여기서 끝나지
않는다. 혈색소와 엽록소 둘 다 분자 기계다.
마치 서로 연관성이 있는 것처럼 비슷한 방식으로
작동하는데, 넓은 의미에서는 실제로도 연관성이
있다. 그 바탕은 질소를 함유한 네 개의 방향족
고리라는 공통의 설계다. 고리의 한가운데에는
외알 다이아몬드 반지처럼 금속 원자가 박혀

있다. 이 금속을 다이아몬드 호위하듯 둘러싼 것은 네 개의 고리에 함유된 네 개의 질소다. 혈색소 분자에서 질소가 붙들고 있는 것은 철 원자이며 엽록소 분자에서 질소가 붙들고 있는 것은 마그네슘 원자다.

철과 마그네슘은 세상의 두 면을 나타낸다. 두 면은 시간의 흐름에 따라 똑딱거리는 양자 시계처럼 작동한다. 한 양자 상태에서는 두 금속 다 유입되는 전자 에너지로 채워진다. 그러면 똑 하고 첫 번째 원자가로 바뀐다. 다른 양자 상태에서는 전자 에너지를 내보내어 딱 하고 두 번째 원자가로 바뀐다. 두 금속은 질소에 붙들려 있는 동안 평생 양자 상태에서 똑딱거린다.

도넛 주머니에 들어 있는 혈색소 분자에 산소가 전달되는 것은 이 원리다. 생명의 입맞춤으로 인체의 모든 조직에 산소가 전달되는 것도 같은 원리다. 모든 식물과 나무의 잎살에 들어 있는 엽록체 주머니에서 산소가 운반되는 것 또한 같은 원리다. 잎살은

잎의 기공(또는 숨문)을 여닫는다. 잎살 조직은
엽록체 주머니를 감싼 말랑말랑한 가방으로,
통기 간극으로 둘러싸였다. 통기 간극은 기체
교환을 위해 대기와 통해 있다. 산소가 대기로,
또한 호기성 생명체를 위해 전 세계 바다와
토양으로 운반되는 것도 같은 원리다. 마치 신이
계획한 것처럼 이 두 쌍둥이 자매 분자는 양자
보금자리에서 손을 맞잡고서 지구 전체를 위해
생명을 빚어낸다.

　　그렇기에 옛것은 새것이다. 붉은색과
초록색은 고대 이래로 신비로운 색깔이었다.
새것은 두 색깔이 인류에게 들려주는 이야기다.
하지만 옛것과 마찬가지로 그 중요성은 인간
언어와 글을 넘어서서 지혜 자체의 의미를 묻는
신비주의적 켈트 수수께끼로 거슬러 올라간다.

호랑가시나무
Ilex aquifolium

멋진 사바나

사바나는 지속 가능한 삶을 위한 토착민의
발명품이었다

북아메리카에서 토착민의 목소리는 개척민보다
훨씬 먼저 울려 퍼졌다. 풍경에 깔린 성스러운
목소리였다. 이 목소리가 구전을 낳았다.
말해지는 말은 버려지지 않았다. 생각으로부터
새롭게 살아나 춤과 명상이 되었다. 대륙의
침묵은 말을 정제하여 생각의 초점을 맞췄다.
낱말 하나하나는 자신의 침묵에서 태어났다. 이
침묵의 배아에서 사바나가 생겨났다.

사바나는 당시 세상을 통틀어 가장 대담한
발상이었다. 사냥감의 수를 불리면서도 풍경을

고스란히 간직하는 토지 관리 개념이었다.
나무는 키가 커지면서 발치에 황야를 보듬었다.
나무라는 안정된 건축물이 길러낸 들꽃 풀밭은
철마다 뜯어 먹히고 새로 났다. 풀밭을 불살라
세심하게 조율하면서 들풀에 대한 의존에서
벗어날 수 있었다. 불에 대한 이 적응을 나무는
체감했고 씨앗은 베꼈고 풀은 환영했다. 이
덕분에 북아메리카의 많은 식물이 독특해졌다.

북아메리카의 얼굴은 오래된 얼굴이다.
대륙의 윤곽은 동쪽에서 갓 비쳐드는 햇볕을
쬔다. 북아메리카 대륙은 햇볕에 많이 노출된다.
햇볕 자체도 강하다. 이 강한 햇볕의 산물은
북아메리카의 나무에 공급된다. 나무들은
어마어마한 결실을 맺는다. 질소를 고정하지
않는 나무는 견과를 내놓고 질소를 고정하는
나무는 콩꼬투리를 내놓는다. 나무들은 이
풍경이 맘에 든다.

사바나의 토착종 나무로는 참나무*Quercus*,
히커리*Carya*, 호두나무*Juglans*가 있다. 가지를
옆으로 뻗어 커다란 아치를 그리며 태양을 향해

우람한 우듬지를 펼친다. 이 토착 갈잎나무들의
싹은 봄 기온에 타이머를 맞췄다. 기온이 충분히
높아지면 성장을 담당하는 정단분열조직(줄기와
뿌리의 끝에서 세포 분열이 일어나는 생장점.—옮긴이)이
초록색 대표단을 태양 쪽으로 내보낸다. 잎도
광자를 붙잡으려고 빠르게 성숙한다. 잎자루는
태양을 좇아 움직이며 주맥은 광자를 붙잡을
수 있도록 팽팽히 늘어난다. 나무뿌리는 땅으로
파고들어 우듬지를 단단히 고정한다.

　　　나무들은 독특한 습성을 발달시켰다.
참나무는 선크림을 직접 제조한다. 참나무
선크림은 일광욕할 때 바르는 선탠로션과
같은 역할을 한다. 이 방향족 생화학물질은
케르시트린quercitrin과 케르세틴quercetin이라고
불린다. 빛 스펙트럼의 고에너지 성분을
흡수하고 여분의 에너지를 양자 변화로
퍼뜨린다. 여분의 에너지가 나무의 내부 대사
활동에 차질을 빚지 않도록 내보내는 것이다.
히커리는 탄소 격리의 달인이다. 목질부의
촘촘한 중합체 구조를 이루는 유기화학물질에

탄소를 공급한다. 호두나무는 뿌리에서
이종감응물질(다른 종의 개체에 특정한 행동 변화를
불러일으키는 물질.-옮긴이)을 생산하여 토양을
화학물질로 적신다. 이렇게 어머니 나무 주변의
땅을 박박 씻어내어 아기 나무가 자라지 못하게
한다. 어머니 나무와 아기 나무가 경쟁하면
둘 다 죽을 수 있기 때문이다. 주엽나무처럼
콩꼬투리를 만드는 나무는 잎이 열렸다 닫혔다
한다. 잎은 밤이나 흐린 날에는 닫히고 화창한
날에는 활짝 열려 햇볕을 받는다.

사바나의 드넓은 대지에는 4월과 11월에
불을 놓는다. 이 시기에는 토착종 풀이 갈색으로
말라 있다. 땅에 가까운 뿌리는 여전히 축축해서
불로부터 안전하다. 소림疏林(나무가 듬성듬성
들어서 있는 숲.-옮긴이)의 여러해살이풀도 휴면
중이다. 불은 표면을 태우며 빠르게 번지지만
나무의 건조하고 거친 줄기에서 멈춘다. 수천
년에 걸쳐 불에 견디는 성질을 진화시킨 종도
많다. 이 불에서 고운 잿가루가 만들어진다. 이
재에는 사바나에 중요한 원소가 하나 농축되어

있으니, 바로 칼륨이다.

마른 재 속의 칼륨은 물을 찾는다. 칼륨이
물을 만나면 수산화칼륨이 된다. 이 화학물질은
비료인데, 견과목에 꼭 필요하다. 수산화칼륨은
가을의 서리와 겨울의 냉해로부터 세포 조직을
보호한다. 수용성이기 때문에 견과를 맺을 때
쉽게 이용할 수 있다. 수산화칼륨 용액은 강력한
살진균제이기도 하다. 나무줄기 근처에 자리
잡고는 가을과 겨울에 균류 홀씨, 특히 자낭
홀씨로부터 줄기를 지켜준다. 재는 주변 식물
표면의 산도를 높여 살충제 역할을 함으로써
병원체 밀도를 낮춘다.

과거에 사바나의 나무를 다듬던 새가 두
종 있었다. 몸집이 큰 뉴잉글랜드초원멧닭은
즙이 많은 밤바구미*curculio*를 특히 좋아했다. 이
곤충은 봄에 크게 부푼 싹을 배불리 먹고 알을
낳았다. 뜯어 먹혀서 산도가 낮아진 싹은 병해에
취약했다. 봄이 깊어지면 나그네비둘기들이
사바나의 나무에서 곤충을 잡아먹으려고
몰려들었다. 나그네비둘기가 빽빽하게

몰려들면 해를 가려 하늘이 어두워졌다고
한다. 뉴잉글랜드초원멧닭과 나그네비둘기는
멸종했다. 굶주린 개척민들은 이 새들이
사바나에 얼마나 중요한지 알지 못했다.

사바나는 견과를 어마어마하게
생산했다. 이 견과는 인간에게 고품질의
단백질, 지방, 탄수화물을 공급했다. 짐승들도
견과를 마다하지 않았다. 견과에 함유된 당
d-케르시톨을 좋아하는 다람쥐가 첫발을 뗐다.
뒤이어 모든 포유류와 대형 조류가 견과와
포식으로 개체수를 늘렸다. 여우, 코요테, 늑대가
증가했다. 하지만 토착민의 생명선이던 식량은
100배나 증가했다. 바로 사슴 떼였다. 사슴은
토착민에게 식량이자 의복이었다. 아니, 훨씬
커다란 무엇이었다. 토착민과 자녀들에게는
혹독한 지대에서 계속 살아갈 수 있다는
뜻이었다. 사바나는 식량, 물, 생명 자체의 지속
가능성을 만들어냈다.

아메리카에서 사바나는 나무를 서식처와
조합하여 만든 지붕 덮인 사냥터를 뜻했다.

아메리카 대륙 토착민의 발명품이었으며
하도 효과적이어서 곧장 모방되었다. 오늘날
유럽에서는 힘 있고 부유하고 유명한 사람들의
성 주변에서 근사한 사바나를 볼 수 있다.

로브참나무

Quercus pedunculata

마법의 나무

치유 능력이 있는 마법의 나무들은 우리에게
끊임없이 말을 걸고 있다

마법의 나무와 신비의 숲은 시간 할아버지만큼
오래되었다. 마법은 과거와 현재를 막론하고 전
세계에서 알려져 있고 인정받는다. 마법이라는
낱말 자체는 매우 오래되었으며 문명의 탄생과
더불어 생겨났다. 어원은 마법사를 뜻하는 고대
페르시아어 '마구스'다. 마법은 초자연적인 것을
넘나드는 특별한 힘을 가진 무언가로 간주된다.
세계정원의 어떤 나무들은 이 규정에 들어맞으며
정말로 마법의 나무다.

딱총나무*Sambucus*와 산사나무*Crataegus*는

오래전부터 마법의 힘이 있다고 여겨졌다. 이 지식은 신대륙과 구대륙의 서로 다른 문화에서 같은 시간대에 나란히 전해져 내려왔다. 중국과 일본, 러시아에도 알려져 있었다.

딱총나무는 이집트의 전성기에 사랑받았으며 오늘날까지 계속 쓰이고 있다. 북유럽에서는 많은 사람들이 딱총나무를 지나칠 때 반드시 말이나 몸짓으로 인사한다. 존경의 표시로 모자를 벗고 허리 숙여 절한다. 딱총나무를 태우거나 죽이는 일은 결코 없었다. 그랬다가는 딱총나무에 깃든 영혼이 죽을 거라고 믿었기 때문이다. 딱총나무가 결코 병충해를 입지 않는 것을 보고서 생긴 속설이었다.

딱총나무에는 특별한 힘이 있다. 고대 이집트에서는 귀한 화장품으로 쓰였다. 실제로도 피부를 재생하고 회복하는 효과가 있다. 꽃은 눈 피로를 회복하는 안약으로 널리 쓰였다.

세네카족은 조산아나 신생아에게 딱총나무를 썼다. 말린 딱총나무 꽃을 우려낸

미지근한 물로 아기를 씻겼다. 이 물에는 모세혈관을 보호하는 생화학물질이 들어 있어서 부드러운 스킨 토닉처럼 신생아 피부의 혈관을 확장한다.

가장 중요한 생화학물질 중 하나는 잘 익은 검은색 딱총나무 열매에 들어 있다. 바로 람노오스rhamnose 복합당이다. 새의 눈에서 대사 효율을 증가시켜 어두운 곳에서 밝은 곳으로 또는 밝은 곳에서 어두운 곳으로 이동할 때 시력을 유지하게 해준다. 람노오스 복합당은 세계정원을 남북으로 오가는 새들에게 무척 중요하다.

아메리카에서 유럽, 고대 중국까지 전 세계를 마법의 손아귀에 움켜쥔 나무는 산사나무다. 아일랜드 농촌과 중국에는 산사나무에 대한 미신이 오늘날까지 퍼져 있다. 아이들은 5월에 꽃 핀 산사나무 가지를 집에 가져오면 안 된다고 교육받는다. 산사나무 꽃이 한 해 동안 집안에 액운을 불러들인다는 속설 때문이었다. 청혼할 때는 행운을 위해

산사나무의 사촌격인 가지자두나무 지팡이를
바치는 풍습이 있었다. 이 지팡이는 이제 관광
상품이 되었다. 중국에서는 산사나무 열매의
껍질을 으깨고 씨를 뺐다. 그러고는 열매를
막대기에 꽂았다. 이 산사나무 사탕은 아이들의
천연 건강식이었다.

산사나무는 장미과에 속한다. 사과와
가까운 관계다. 산사나무 열매에는 씨가
다섯 개 들어 있다. 열매는 먹을 수 있는데, 첫
된서리가 내리고 나면 복합당이 더욱 달아진다.
껍질이 갈변할 때도 있다. 이런 열매가 가장
달다. 토착민들은 씨를 모아서 말려 보관했다.
그러고는 빻아서 커피로 만들었다. 산사나무
커피는 여느 커피처럼 카페인 함량이 높다.

세계정원에서 산사나무는 모든 나비
개체군에 영향을 미친다. 이주移住의 시련을
이겨낼 건강과 능력을 키워주기 때문이다.
성숙한 잎에서 생성되는 호르몬은 애벌레의
성장과 발달에 직접 영향을 미친다. 이 호르몬은
강장제다. 잎에 들어 있는 생화학물질은 고에너지

ATP(아데노신 삼인산)를 만드는데, ATP는 이주에
필요한 에너지를 공급하는 핵분열 연료다.

　　산사나무의 가장 큰 마법은
쿠르타크라트Curtacrat(또는 크라타이구스-
크로이슬러Crataegus-Kreussler)라는 제품명으로
불리는 독특한 생화학물질로, 심장
박동에 영향을 미친다. 심장에는
왼쪽오름관상동맥이라는 동맥이 있다. 이
짧은 배관은 심장 근육에 꼭 필요한 산소를
공급한다. 문제는 이 배관이 막힐 수 있다는
것이다. 폐색이 심할 때 으레 우회술을
실시하는 부위다. 산사나무의 이 생화학물질은
왼쪽오름관상동맥을 뚫어준다. 이 강심제는
심장에 혈압 강하 효과가 있다고 한다. 심장에서
가장 중요한 배관인 관상동맥을 뚫어주기 때문에
2단계 울혈심부전에도 효과가 있다.

　　북아메리카 농촌에는 산사나무와
관련하여 토착민에게서 배운 풍습이 있다. 여름날
저녁에 소 떼를 앞세우고 돌아가는 농부는
달짝지근한 붉은색 산사나무 열매를 보면

간식으로 딴다. 열매는 씹어 먹고 씨는 뱉어낸다.
이 간단한 행위로 심장 건강을 지킬 수 있다.

옛 문화에서 현대 문화로 이어진 마법의
나무는 또 있다. 이번에는 남태평양 사모아 제도
작은 섬에 서식하는 우림수雨林樹다. 사시나무와
비슷한 호모란투스 누탄스*Homolanthus nutans*(이명
표기는 *Homalanthus nutans*이다.—옮긴이)로 최근에
마법의 나무가 되었다. 섬의 치료사들이
오래전부터 황열병과 간염 치료에 썼다. 지금은
HIV 바이러스 치료 분야에서 각광받고
있다. 살아 있는 식물 조직에서는 항바이러스
생화학물질 프로스트라틴prostratin이 추출되었다.
이 물질은 항생제가 세균을 차단하는 것처럼
바이러스의 복제를 차단한다. 우림의 나무들이
다시 말하기 시작했다. 이번에는 그 안에 마법이
많이, 그것도 분명하게 들어 있다.

딱총나무

Sambucus nigra

지속 가능성을 위한 청원

**세계숲은 지속 가능성을 위한 기본 계획과 그
방안을 처음부터 품고 있었다**

숲은 뮤추얼 펀드 경쟁에서 월스트리트의
두뇌들을 앞설 수 있다. 은행가들은 숲을
매입했다. 일본은 자국의 숲을 철저히 관리한다.
그들은 자신들의 귀중한 목재 자원을 팔지
않으려 한다. 그보다는 숲을 고스란히 보전하고
싶어 한다. 북아메리카 숲에는 특별히 가치 있는
나무들이 있다. 하지만 지속 가능한 삶을 위한
경제적 완충재로서 나무를 기르려고 생각한
사람은 아무도 없다.

　　중세 이후 서구의 숲은 현명하게 쓰이지

못했다. 중세 영국의 주원료 공급원이던 잡목림에서는 연료용 숯, 외벽槻壁(나뭇가지나 댓가지, 수숫대 따위로 엮은 외를 속에 넣고 흙을 바른 벽.—옮긴이)에 쓸 가지와 잔가지, 홉 덩굴을 지탱하는 장대 등 시장 가치가 있는 상품이 64가지 생산되었다. 상당수는 현지에서 쓰였으나 어떤 것들은 팽창하는 국제 무역을 위해 팔려나갔다. 영국의 숲은 7년 재생 주기에 따라 신중하게 벌채되었다. 온화하고 서리가 거의 내리지 않는 영국의 기후에서는 지속 가능한 숲 관리 방법이었다. 이 방법은 모두에게 이로웠다. 물론 빈곤층보다는 부유층에게 더 이로웠지만.

　　　북아메리카 대륙에서도 비슷한 영구적 지속 가능성 개념이 있었다. 방법은 달랐는데, 이 또한 기후에 맞춘 것이었다. 일조량이 많고 일조 면적이 넓어서 사바나의 지속 가능한 설계로부터 작물을 풍성하게 거둘 수 있었다. 야생 동물은 나무에 기대어 살아갔고 토착민은 야생 동물에 기대어 살아갔다. 사바나도 공동선을 위해 쓰였으며 이 패러다임은 모두에게 이로웠다.

이제 세계숲이라는 인류 유산이자 생득권의 소유자는 대부분 얼굴 없는 이름들과 이름 없는 얼굴들이다. 이것은 누구에게도 이롭지 않다.

수십억 명이 도시로 이주했다가 굶주림에 시달리는 혼란한 상황은 바이오플랜을 갖춘 소농에게 기회가 될 수 있다. 소농은 소명을 가슴 깊이 간직한다. 어쩌면 지구상에서 가장 중요한 소명일 것이다. 그것은 생육의 선물이요, 어린 씨앗을 길러 성숙시키는 지식과 지혜다. 이 선물에는 수확이라는 보상이 따른다. 하지만 나무가 수확일 수도 있다. 농장이 크든 작든 나무는 바이오플랜을 가진 농부에게 환금 작물이 될 수 있다.

바이오플랜은 지속 가능하며 포식자에게도 피식자에게도 다양성을 늘려준다. 자연계에 대한 자유로운 자연적 관리인 셈이다. 바이오플랜은 유기농에서 한발 더 나아가 동식물 토착종의 생물다양성을 증가시킨다. 유기농은 좋을 수도 있지만 드넓은 빈터에

작물만 재배하면 사막이 되기 십상이다. 숲은
과수원, 견과류 농원, 선별된 나무의 보호
구역으로 이루어진 농장으로 돌아가야 한다.
기존 생울타리나 울타리땅에 유익한 나무를
버팀목으로 심을 수도 있다. 작물이 쓰러지거나
풍해를 입지 않도록 생울타리를 방풍용으로
조성할 수도 있다. 많은 곡물은 지구 온난화의
광풍을 버티지 못한다. 나무는 농부의 생명선인
표토가 침식되는 것도 막아준다.

바이오플랜의 토착종 나무는
기하급수적으로 생장한다. 이것이 이점이다.
진정한 여러해살이여서 한번 심으면 계속 자란다.
나무는 대규모로든 소규모로든 어느 농장에나
심을 수 있다. 농사를 짓는 곳이라면 온대 지방의
거의 모든 곳이 가능하다. 농장 안에 나무를
심으면 생물다양성을 증가시키고 지표수를
정화하고 오염을 억제하고 질산염 오염을 줄이고
조류 개체수, 무기질 재순환, 방풍 효과를 증진할
수 있다. 치솟는 기온과 자외선 복사도 가라앉힐
수 있다. 게다가 더 근사하고 아름답다. 이렇듯

나무는 최우선적으로 고려해야 할 사항인데도
뒷전으로 밀려나 있다.

농장의 바이오플랜에 이로운 나무의
예로는 사과나무와 체리나무 같은 전 세계의
우람한 장미과 토착종이 있다. 이런 나무의
가치는 꽃의 형태에서 비롯한다. 이 꽃들은
접시 모양이다. 꽃가루받이 곤충은 꽃 안에서
맴돌며 꿀과 꽃가루를 채집할 수 있다. 이렇게
하면 비슷한 종의 다른 꽃이 교잡 수분되어
과일의 생산량과 품질이 향상된다. 주엽나무와
금사슬나무 같은 콩과 나무도 이로운데, 타고난
질소고정 능력 덕분에 농사에 큰 도움이 된다.
꿀벌, 맵시벌, 수중다리좀벌, 토종벌 같은 익충과
꽃가루받이 곤충이 이 꽃들을 찾는 이유는 그
안에서 맴돌면서 꽃, 꽃가루, 단물을 대량으로
거둬들일 수 있기 때문이다.

콩과 식물은 그 밖의 이로운 날벌레에게도
먹이가 된다. 호박벌 같은 토종 꽃가루받이
곤충은 몸집이 크고 억세서 꽃의 수술에 접근할
수 있다. 꽃가루와 꿀을 먹는 또 다른 종류인

초록색 청벌과 가위벌 등은 꽃가루받이와
먹이사슬에서 중요한 역할을 한다.

밭 가장자리에 환금 작물로 나무를
기르는 것은 미래를 대비한 재무 계획이다.
농장과 농부에게 절실히 필요한 계획이다.
흑호두나무*Juglans nigra*가 그런 나무다.
흑호두나무는 초콜릿색 목재를 얻기 위해
재배하는데, 베니어판만큼 단단하다. 색깔이
짙고 광택이 나는 목재는 세계 시장에서
희귀하며 수요가 많다. 베니어판으로 쓸 수 있는
흑호두나무의 곧은 줄기 하나는 경매에서 6만
달러를 받을 수 있다. 이 정도면 자녀나 손자녀의
대학 학비로 요긴할 것이다.

북아메리카와 남아메리카에서는
히커리를 견과 수확용으로 재배할 수 있다.
견과의 과육, 껍질, 가루는 시장에서 활발히
거래된다. 주류 업계에서는 견과로 술을
담근다. 북아메리카, 아프리카, 아시아에서는
토착종 주엽나무*Gleditsia*를 밭에 심어 소득을
두둑히 얻는다. 주엽나무의 단단한 목재는

북아메리카에서 40억 달러 규모의 시장을
형성하고 있다. 흰개미와 곤충이 갉아 먹지
못하며 방부목의 대체재로 탁월하다. 주엽나무의
꼬투리는 가루, 사료(말린 꼬투리를 건초에 섞어
먹인다), 약재로 쓰인다. 벌이 벌집을 짓는
나무이기도 하다.

포포나무*Asimina* 같은 나무들은 파인애플,
망고, 바나나 맛이 나는 맛있는 과일을 맺는데,
북아메리카와 열대 지방에서 재배할 수 있다.
약용 물질인 아세토게닌acetogenin 추출물은
약물에 내성이 있는 암을 치료하며 생물학적으로
분해되는 천연 만능 방충제로 쓰인다. 나비가
깃드는 나무이기도 하다.

북아메리카와 남아메리카, 프랑스,
영국, 독일, 오스트레일리아의 포도주
양조업은 포도주를 숙성시킬 통을 조달하기
위해 참나무가 필요하다. 위스키 양조업도
마찬가지다. 참나무는 수요가 막대한데 공급이
달린다. 북아메리카 대륙에서는 최상의 참나무가
자란다. 토착림의 특산물이다. 이 대륙에는

참나무 고유종이 많다. 참나무는 미래 환금
작물로 안성맞춤이다.

　　소규모 가족농업이 미래에 대한 상상력을
발휘하면 토지 관리와 재무 관리 측면에서 지속
가능성을 달성할 수 있다. 답은 숲에 있다.
그곳에서 처음부터… 기다리고 있었다.

호두나무

Juglans regia

초자연적인 것

**세계의 나무와 숲이 선사하는 고요와 평안
속에서 신의 존재를 느끼다**

캐나다 동부의 이른 아침은 황금빛으로
가득하다. 순식간에 벌어진 일이다. 동이
트자마자 떠오른 공기가 자신의 광채에 살짝
놀란다. 이 최초의 빛이 숲의 나무와 가지에
내려앉는 지점은 선홍색 리본을 엇갈리게 놓은
것처럼 보인다. 붉은 빛의 갈빗대들이 나무마다
얼룩무늬를 그려 오늘도 무더운 하루가 될
것임을 예고한다.

　그렇게… 영국 여왕처럼 농장의 여인이
일어나 노란 달걀을 먹었다. 어제 낳은

달걀이었다. 흰자는 익어 멍울지고 노른자는 말랑말랑했다. 완벽한 요리였다. 직접 구운 빵을 먹고 차 한잔으로 목구멍을 씻어내렸다. 우물물로 우린 아일랜드 홍차였다. 부엌 어딘가에서 작업용 가죽 장갑을 집어 들었다. 크기가 작았다. 여성스러운 손이었다.

여인은 부엌문을 나서서는 소소한 삶의 자장가를 뒤로하고 문을 닫았다. 왼쪽으로 정원 가장자리의 여러해살이 식물을 재빨리 지나쳤다. 장갑을 끼면서 살짝 곁눈질했다. 꽃은 향기 나는 하품을 하면서 꽃잎을 벌려 벌을 맞을 준비를 했다. 길 잃은 나방은 쾌락의 먼지처럼 움직였다. 거미줄은 기름진 땅 근처 포획용 땅굴에서 작은 보석 같은 물 결정을 매단 채 반짝거렸다. 시렁에 한 줄로 얹힌 사과들이 숲의 나무들에게 가는 길을 가리켰다.

여인은 닭장을 지나쳤다. 암탉들은 낳아놓은 알 주위에서 꼬꼬댁거렸다. 토실토실한 암탉 한 마리가 앉아 있는 상자 둥지에서 털썩 하는 소리가 들렸다. 그날의 첫 달걀이었다.

다 자란 암탉들이 가끔 세계의 푸념을 내뱉는
소리가 들렸다. 모이통이 달그락거리며 쇠사슬
딸랑거리는 소리가 났다. 닭들은 여인의 나직한
발걸음 소리에 일제히 침묵한 채 귀를 쫑긋
세웠다. 숲에 거의 다다르자 다시 꼬꼬댁 하면서
호기심의 불협화음이 들려왔다.

여인은 숲에 발을 디디기도 전에
개잎갈나무의 은은한 향을 맡을 수 있었다. 어제
8월의 태양이 늘푸른 잎을 간질여 분비샘을 열게
했다. 뿌리들이 숲 가장자리에서 얕은 토양을
가득 메우고 불룩 솟아올라 여인은 밟지 않을
도리가 없었다. 이끼는 날벼락에 얼떨떨했다.
아기 홀씨들이 바람 속으로 떠나버렸다. 외로운
달맞이꽃Oenothera이 땅에 웅크린 채 꽃을 피웠다.
노란색 꽃은 리트머스지에서 볼 수 있는 선명한
산성 색이었다.

여인은 어제와 같은 길을 따라 숲으로
들어갔다. 계속 걸어 풀이 무성한 공터에
도착했다. 나무줄기들이 여인의 주위로 커다란
원을 그렸으며 우듬지가 머리 위 하늘을

가렸다. 굵고 땅딸막한 줄기가 있는가 하면
어려서 가느다란 줄기도 있었다. 줄기들은
대화를 나누듯 서로 기대거나 멀찍이 물러섰다.
나무들은 여인 주변으로 울타리를 쳤다.
여인에게 보이는 것은 늘어선 줄기뿐이었다.

여인은 원의 한가운데에서 멈췄다.
기꺼운 마음으로 기다렸다. 머지않아 남편이 올
것이다. 나무들은 침묵을 머금었다. 산들바람의
속삭임조차 느껴지지 않았다. 공기도 고요했다.
여인을 둘러싼 평안의 벽이 나무들로부터
여인에게 다가와 부드럽게 몸속으로 들어왔다.
여인은 알아차리지 못했다. 벽이 점점
가까워졌다. 그러다 여인과 맞닿았다. 여인은
벽을 알아차렸다. 자신에게 들어오는 존재도.

부드럽고 감미로운 여름비처럼 여인은
장소의 고요에 잠겼다. 사방의 모든 것이
고요하고 그 고요가 나무들에게서 온다는
것을 알아차렸다. 고요는 나무의 일부이기
때문이다. 여인은 이완의 은은한 리듬에 따라
숨이 느려지고 깊어지는 것을 느낄 수 있었다.

여인은 움직이지 않았다. 이 평안 속에서
호흡했다. 평안이 여인의 내면에 들어와 여인을
완전히 사로잡았다. 시간이 멈추더니 어디론가
사라졌다.

　　여인에게서 기도가 우러나오기 시작했다.
기도는 몸속에서 여인의 입으로 올라왔다.
여인은 나직이 어릴 적 게일어 기도를 숲에
쏟아내기 시작했다. 기도는 숲의 나무들과
하나가 되었다. 나무들 바깥으로 영원이
펼쳐졌다. 모든 것이 현재인 무한한 합일의
세계였다. 이 세계를 지탱하는 특별한 질서의
형상은 실재의 모든 방향으로 끝없이 뻗어
나갔다. 마음이 가라앉은 여인은 기도에
의지했다. 몸은 촉각을 앞으로 내보냈다. 기도와
명상이 여인을 가득 채웠다. 여인은 스스로를
담는 그릇이었다. 자신이 느끼는 평안의
부속물이 되었다. 그것은 우주의 평안이었다.
매끄럽고 부드러웠다. 모든 공간에 스며들었다.
나무 안에도 있었다. 나무의 평안, 숲 나무의
평안이었다.

문득 여인은 무언가가 배어 나오는 것을 의식했다. 아까부터 그랬으나 얼마나 오랫동안 그랬는지는 알 수 없었다. 하지만 여인은 그것을 새로운 실재로 자각했다. 새로운 깨달음이 여인을 놀라게 했다. 여인이 평안에 온전히 잠긴 채 나무에 몸을 기대자 나무들도, 모든 나무들도 일제히 여인을 향해 이끌렸다. 여인이 기도하고 명상하며 평안을 느끼는 동안 나무들도 같은 일을 했다. 나무들도 줄기를 여인에게 기댔다. 여인은 나무들도 기도하고 있다는 걸 깨닫고서 놀랐다. 나무와 숲도 기도하고 있었던 것은 둘 다 같은 신을 섬기기 때문이었다.

달맞이꽃

Oenothera biennis

즐거운 나의 집

숲의 비밀스러운 생명이 초식동물들에게 건강을
선사하다

숲은 보금자리다. 세계정원의 모든 숲은
미생물, 곤충, 새, 포유류, 식물의 보금자리다.
이 보금자리는 모든 생명에게 중요하다. 어느
종도 나머지 종보다 낫거나 못하지 않다.
연결성이라는 사슬로 이어져 모두가 동등하다.
벌 한 마리, 늑대 한 마리도 꿈꾸거나 죽을
권리가 있으며 경이로운 삶을, 나름의 독특한
삶을 살아갈 권리가 있다. 보금자리에 대한
권리는 시간의 끝까지 간직된다.
　　숲에는 다양성을 증폭하는 어림셈

법칙이 있다. 나무는 종마다 약 40종의
곤충을 먹여 살린다. 곤충은 특정 수종의 생장
방식과 연계되어 있다. 따라서 다양한 숲은
생물다양성을 실현하고 보이는 것에서 보이지
않는 것까지 온갖 범위에서 다양성을 폭발시키고
증폭한다. 포식자와 피식자의 패턴을 수놓는다.
건강의 토대를 놓는다.

　　　모든 숲에는 보이지 않는 생명이 있다.
이 강인한 생명력은 각각의 나무에 담겨 있으며
그 나무가 죽을 때만 드러난다. 죽어가는 나무
주변의 흙 속에서는 눈에 보이지 않는 내생
균류가 눈에 보이는 버섯 양탄자로 탈바꿈한다.
이 균류는 나무의 어둡고 축축한 배관 주위에서
무성無性의 삶을 살았다. 균사의 리본은
화학물질을 거래하여 소비자의 필요에 부응한다.
세계에서 가장 강력한 약들 중에는 이 숨겨진
균사 보금자리에서 추출한 것도 있다. 상당수는
여성 암의 치료와 관리에 쓰이는데, 요즘은
탁산taxane이 가장 각광받는다.

　　　나무의 뼈대 안에 보금자리를 마련하는

균류 종은 성별 차이가 있어서, 인간 생명의
기다란 계보를 따라 어머니에게서 딸에게
전해지는 미토콘드리아 DNA 조각과 비슷하다.
수종에 따라서도 차이가 있다. 곰보버섯은
아메리카느릅나무에 보금자리를 마련하며
댕구알버섯은 사과나무를 선택한다. 내생 균류는
탄소 교환을 조절하는 주요 인자 중 하나로
추정된다. 생활환이 조류藻類, 이끼, 양치식물,
겉씨식물과 비슷하게 무성 단계에서 유성 단계로
이어진다. 바다의 조류는 무성 단계가 며칠밖에
안 되지만 늙은 나무에서는 수백 년, 때로는 수천
년을 헤아리기도 한다.

　　　북아메리카 숲에서는 다람쥐가 자연의
으뜸 숲지기다. 다람쥐는 건강한 견과에 들어
있는 당인 d-케르시톨을 무척 좋아한다.
다람쥐가 견과를 잔뜩 묻어두면 숲은 최고의
견과로부터 탄생하고 재생된다. 숲의 다람쥐
개체수가 넉넉하면 피셔족제비와 여우에서
아메리카스라소니, 늑대, 코요테까지 몸집이 큰
온갖 포유류가 찾아온다. 이 포식자들의 먹이인

설치류도 다람쥐가 숨겨놓은 숲의 열매를 훔쳐
먹는다. 토끼와 멧토끼는 다른 포유류와 맹금의
포식 상황에 따라 개체수가 늘었다 줄었다 한다.

　　고양이와 곰처럼 더 큰 포식자는 드넓은
지대를 누비며 사냥한다. 이 모든 짐승들
사이에서 사슴이 수를 불려 도토리 열매를
먹는다. 사슴의 흥망도 코요테와 늑대에 달렸다.

　　세계정원에서는 대량 이주가 일어난다.
철마다 남쪽에서 북쪽으로 올라갔다가 내려오는
이 대이동은 철새, 여러 종의 나비, 그 밖의
곤충에서 흔하다. 카리부순록과 레인디어순록은
땅속에 숨은 지의류를 찾아 북부를 누빈다.
세계 동물상의 상당수에서 숲은 이주의 중심
무대다. 이주를 위한 식량은 잎과 꽃의 꿀에서
얻는다. 단백질도 다양한 꽃가루에 들어 있으며
복합당은 꽃꿀, 꽃싸개 틈, 꽃눈 끄트머리의
달짝지근한 덮개에서 얻을 수 있다. 먹이 먹기는
숲의 더 넓고 때로는 보이지 않는 순환의 일부다.
이 순환은 숲과 숲을, 대륙과 대륙을 연결한다.
마치 세계가 하나인 것처럼.

숲의 모든 나무는 수액을 낸다. 상당수 수액은 달콤하다. 다람쥐들은 이 나무들을 유심히 살펴보다가 껍질을 부름켜까지 벗긴다. 그러면 부름켜 조직에서 당 용액이 배어 나온다. 공기가 차가우면 용액은 종유석 사탕이 된다. 그러면 다람쥐가 먹는다. 그다음에는 겨울새인 미국박새가 당 삼출물을 마신다. 조금 있으면 아침의 망토 같은 나비들이 찾아올 것이다. 다음은 개미다. 이제 상처에 굳은살이 박인다. 하지만 이렇게 부름켜가 손상되면 나무는 열매를 더 많이 맺는다. 먹이 순환은 스스로 보충한다.

짐승도 숲에 밥값을 낸다. 씨앗이 벌어지도록 도와준다. 어떤 씨앗은 벨크로처럼 짐승의 털옷에 달라붙는가 하면 어떤 씨앗은 자잘해서 포유류에 붙어 있다가 몸을 긁거나 흔들 때 떨어져 나온다. 하지만 씨껍질을 둘러싼 단단한 열매껍질을 쪼개려면 산욕酸浴을 거쳐야 하는 씨앗이 더 많다. 산욕이란 포유류 위 속의 염산을 말한다. 대장을 통과하여 땅에 놓인 씨앗은 이제 자랄 때가 되었다. 포포나무 씨앗은

아메리카너구리의 손길이 닿아야 한다. 그러면
씨앗에 손기름이 묻는다. 손기름은 씨앗을
에워싸 씨껍질을 밀봉한다. 이렇게 하면 배아의
감염을 막을 수 있다. 이제 씨앗은 생장과 생육에
뛰어들 준비가 끝났다.

많은 익충은 낙엽을 월동에 쓴다.
무당벌레는 한데 모여 커다란 월동 군집을
이룬다. 캘리포니아 뮤어우즈 국립공원에서 이
광경을 볼 수 있으며 뉴잉글랜드 동부의 해안
지대 숲에서도 볼 수 있다. 무당벌레는 잎의 흑체
발열 효과를 활용한다. 잎을 작은 텐트 삼아
목숨을 부지하고 와글와글 소통한다. 하지만
기온이 올라가면 금세 해산하여 숲 곤충을
잡아먹으려고 경쟁을 벌인다.

숲은 어류에게도 전체론적이다. 많은
수변림에서는 수계에 이로운 생화학물질이
생성된다. 가래나무 *Juglandaceae*는 가을이면
진정제인 주글론juglone을 물에 떨어뜨린다. 이
진정제는 어류를 비롯한 수생 동물의 휴면에
영향을 미치는데, 낮아진 기초 대사율을

안정시키고 유지한다. 해안림은 영양물질의
흐름을 억제하여 독성 조류의 증식을
감소시킨다. 숲은 자신이 돌보는 생명들 위로
축복의 손을 내민다. 이 축복의 이름은 건강이다.
이것이 우리 모두를 위한 축복임은 의심할 여지가
없다.

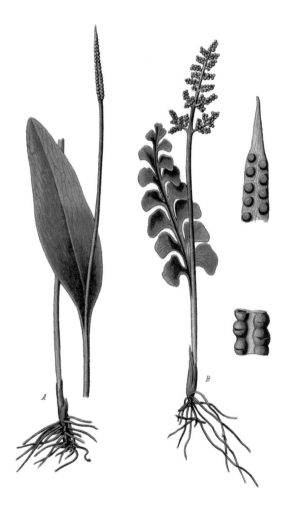

A. 나도고사리삼
Ophioglossum vulgatum

B. 두메고사리삼
Botrychium lunaria

영웅과 호르몬

**망가진 숲은 우리의 가슴속에, 우리 아이들의
눈물 속에 있다**

영웅의 전설은 과거에서 걸어 나온다. 그
전설은 모든 민족 집단의 일부이며 모든
문화를 빚어냈다. 영웅은 생명 가운데에서 뽑혀
서열 꼭대기에 놓인다. 그곳에서 존경받고
사랑받는다. 어떤 영웅은 영원히 사랑받는다.
　　모든 문화에는 나름의 영웅이 있었다.
옛날 옛적 아일랜드에는 금발의 지도자
피온Fionn과 필리오흐타filíochta가 있었다.
피온과 그의 전사 시인 부대는 아일랜드섬
에이레를 종횡으로 누볐다. 거대한

아이리시울프하운드들이 곁에서 달리며 작은
초록 섬을 침략자들로부터 지켜냈다. 피온과
전사 시인들에 대한 기억은 아일랜드의 신화,
시, 기억의 심장 깊숙이 간직되어 있다. 오늘날
우리에게도 올림픽 경기의 형태로 전해진다.
올림픽 경기의 우승자는 한때 신선한 올리브*Olea
europaea*의 늘푸른 왕관을 받았지만 이제는
귀금속인 금메달, 은메달, 동메달을 받는다.

토착 부족들이 영웅의 지혜 다음으로
사랑한 것은 젊음이었다. 모든 남자아이는
아동기가 저물 때 이 사실을 깨달았다. 성인식은
시련의 시험에 앞서 젊은 남성에게 동화
호르몬(스테로이드)을 펌프질하기 위한 것이었다.
젊은이는 황량한 벌판에서 고독한 삶을 견디고
자신의 지략과 솜씨로 목숨을 부지하면서 성인의
세계에 들어섰다. 성인식에는 토종 약초인
버지니아냉초*Veronicastrum virginicum*의 식물성
보디빌딩 호르몬이 쓰인다.

영웅과 호르몬은 잘 어울린다. 용맹함과
체력이라는 하나의 얼굴을 가졌다. 두 성격 다

호르몬에서 비롯하는데, 남성 호르몬과 여성
호르몬이 둘 다 작용한다. 이것은 과거 영웅의
이야기였으며 오늘날 영웅의 이야기이기도 하다.
두 성의 깃발이 매일같이 신문 지면을 장식하며
매체의 젖에서 유지를 떠내어 감질나는 맛을
기억하게 한다.

몸과 얼굴을 만드는 호르몬은 자연의
다른 곳에도 있다. 모든 식물과 나무에도
호르몬이 있다. 식물 호르몬과 동물 호르몬은
닮았다. 분자생물학적으로 성질이 비슷하다.
마치 마법 거울에 비친 서로의 모습 같다.
"거울아, 거울아, 세상에서 누가 제일 예쁘니?"

영웅과 호르몬은 서로 얽혀 신체 이미지를
만든다. 이것은 생식 성공과 번식을 좌우한다.
몸은 섹스의 잠재의식 메시지에서 흘러나오는
호르몬 광고다. 섹스의 화학적 갈고리는 껐다
켰다 할 수 있는 전구처럼 머릿속에 매달려
있으며 섹스라는 주제에 대한 영원한 관심과
흥분을 자아낸다.

식물과 나무도 성생활을 한다. 나무도

포유류와 비슷한 호르몬 정체성을 가지고 있다. 생식 성공을 위한 활력을 얻으려면 우선 크고 강해져야 한다. 어떤 나무는 그러기까지 100년이 걸리기도 한다. 아프리카 남서부 사막의 괴상한 겉씨식물 웰위치아, 신대륙 선인장 여러 종, 잎이 머리털처럼 북슬북슬한 딕소니아를 비롯하여 특수하게 진화한 많은 식물도 오랜 기간이 걸린다. 생식을 시작한 나무는 오래오래 살면서 성생활을 이어가도록 프로그래밍되어 있다. 이것은 포유류와 별반 다르지 않은 호르몬이 가득 들어 있는 목질부라는 덩어리 조직에서 볼 수 있다. 나무의 호르몬을 거울에 비춰 보면 포유류의 호르몬과 매우 비슷하게 보인다. 둘 다 거의 같은 방향족 탄화수소로 이루어졌으니 그럴 만도 하다. 이 호르몬을 이성질체isomer라고 부른다. 이성질체 화합물은 서로 신기한 공간적 관계를 맺고 있다. 하나의 화학적 철자를 뒤집으면 다른 하나가 된다.

나무의 성호르몬은 지베렐린gibberellin이라고 부른다. 다른 호르몬도 있다. 지베렐린은 서로 연관된 생화학물질 집단으로 이루어졌으며 봄에 가지 끝에서 발현된다. 이 화학물질들은 개화를 위해 꽃눈을 준비시키고 단장시키며 나중에는 열매 맺기를 준비한다. 열매 맺기는 나무가 씨앗 속에 배아를 만들어내기 위한 비용 대비 효율적인 나무 짝짓기 방법이다. 이 씨앗은 다음 세대의 나무다. 포유류와 마찬가지로 나무는 씨앗과 어린나무를 온갖 방법으로 돌보고 기른다.

지난 200년간 북아메리카의 숲들이 벌목되었다. 많은 나무가 으깨져 종이가 되거나 썰려 목재가 되었다. 이 과정은 모두 물이 풍부한 지역에서 이루어졌다. 저장이나 운송을 위해 나무를 가공하려면 물이 필요하기 때문이다. 최고 중의 최고인 토착림들이 벌채되었다. 이 나무들은 가장 건강했으며 씨앗을 가장 많이 맺었다. 또한 최상의 호르몬을 후대에 전달했다. 이 호르몬들은 수용성이다.

숲에서 생성되는 식물 호르몬은 이제 음용수에서도 찾아볼 수 있다. 민물에는 이

호르몬들뿐 아니라 피임약을 비롯한 현대
호르몬 약물도 들어 있다. 여분의 화학물질이
소변으로 배출된 것이다. 원래 출처는 의약품
제조 공장이다. 여기에 갖가지 살충제가
섞인다. 이 혼합물은 대량으로 흘러 내려온다.
그러고는 같은 성분끼리, 다른 성분끼리
상승 작용을 일으킨다. 이 진한 민물 수프는
북아메리카에서 식수로 쓰인다. 외래 호르몬은
제노케미컬xenochemical이라고 부른다.
생리적으로 활성인 성호르몬으로, 모두가 생식
경쟁에 뛰어들 태세를 갖추고 있다. 이제는
새로운 분자 오염물질로서 인체를 비롯한 모든
포유류의 몸속에 들어 있다.

숲 안에서 섬세한 자연적 균형을 유지하던
호르몬은 우리 몸속에서 통제 불능 상태가
되었다. 전체 인간 배아의 3분의 1에서 외래
호르몬이 발견되며 그 양은 체외에서 자연적으로
생성되는 호르몬 농도와 맞먹는다. 우리의
망가진 숲은 우리의 가슴속에, 우리 아이들의
눈물 속에 있다.

올리브

Olea europaea

견과 한 줌

**굶주리던 시절에 견과목은 생존을 위한 지식과
생명의 교훈을 전해주었다**

북아메리카에는 생사를 좌우하던 견과목이
있다. 이 나무들은 아주 오랫동안 토착 자연림의
일부였다. 과거 굶주리던 시절에 견과목은
토착민들에게 구황목이었다. 이것은 북아메리카
대륙이 기후 순환에 따른 기근에 시달렸기
때문이다. 식용 견과 덕에 토착민은 집단적
기아의 고통스러운 시절을 견뎌낼 수 있었다.
그렇기에 견과목의 위치는 늘 중요한 정보였다.
한 세대에서 다음 세대로 전수되는 생존
지식이었다.

견과는 모양과 크기가 천차만별이며 여러 식물 과科의 열매다. 이 과들의 대표 종은 전 세계 숲에 퍼져 있다. 과마다 견과의 모양은 비슷하지만 맛은 대부분 다르다. 현지 토양의 차이로 인해 나무의 생화학적 성질이 달라지기 때문이다.

견과는 열매다. 대부분 씨가 한 개 들어 있다. 씨를 감싸 보호하는 것은 열매껍질인데, 과에 따라 다르지만 나무 같은 것도 있고 가죽 같은 것도 있다. 열매껍질은 다시 겉껍질의 보호를 받는다. 견과가 익으면 겉껍질은 벌어져도 열매껍질은 절대 벌어지지 않는다. 발아 효소가 작용하지 않는 한 영원히 밀봉된 채로 남는다.

씨앗 내부에는 식량으로 가득한 연약한 배아가 있는데, 열매껍질의 단단한 벽이 지켜준다. 이 벽은 배아 내부의 생식에도 관여한다. 배아 중심이 살짝 마르면 이렇게 해서 생긴 공간이 견과 내부에서 발아를 촉발한다. 발아와 뒤이은 생장에 작용하는 효소와

삼투압은 열매껍질을 두 조각으로 쪼갤 만큼
세다. 이 자연적 행위의 물리력은 어마어마하게
강력하다.

　　많은 북아메리카 견과는 도토리를
닮은 겉껍질이 있다. 겉껍질은 쉽게 볼 수
있는데, 성숙하면 초록색이다가 땅에 떨어지면
금세 검은색이나 갈색으로 바뀐다. 겉껍질
표면에는 미세한 주름이 나 있다. 흑호두나무와
백호두나무*Juglans cinerea*의 주름에는 또 다른
특징이 있다. 샘털[腺毛]에 폭발성 화학물질이
들어 있는 것이다. 어떤 화학물질은 요오드계로,
매캐한 요오드 에어로졸을 주변 공기에
내뿜는다. 이것은 방어용 생화학물질이다.
어린아이는 초록색 흑호두를 쥐고 있기만 해도
소아 백혈병으로부터 보호받는다. 하지만
북아메리카 견과종의 모든 겉껍질이 그와 같은
표면을 가지고 있는데도 과학은 관심을 기울이지
않았다.

　　너도밤나무류 미국밤나무*Castanea dentata*의
우람한 풍채는 여전히 북아메리카 대륙에서 가장

유명한 풍경이다. 나무껍질에 돌기가 생기게 하는 밤나무줄기마름병 *Endothea parasitica* 은 1904년 뉴욕시에서 처음 발견되었는데, 이것도 전설에 한몫했다. 고슴도치 같은 겉껍질에 둘러싸인 진갈색의 윤기 나는 견과는 북아메리카 대륙의 별미였다. 생으로 먹어도 되고 가열하여 가루로 분쇄할 수도 있었다. 밤송이 안에 들어 있는 세 개의 밤알 중에서 납작하게 짜부라진 가운데 밤알이 언제나 으뜸이었다. 미국밤나무가 돌아오고 있다. 시간이 유전 부호에 저항력을 심어주었다. 미국밤나무는 생명의 교훈을 다시 배우고 있다. 조만간 다시 무대에 등장할 것이다. 근연종으로 시에라칭커핀 *Castanopsis sempervirens* 이 있다. 작지만 중요한 이 견과목에 대해서는 알려진 것이 거의 없다. 옮겨심기도 안 된다. 이런 까닭에 시에라칭커핀은 아메리카 대륙에 있는 너도밤나무류의 유전자 풀이 감소하는 오늘날 중요한 야생 유전자다.

북아메리카 서부에는 더 작고 달콤한 견과가 있다. 잣나무 *Pinus* 의 열매다.

회색소나무*Pinus sabiniana*는 열매가 좀 더 크다.
누에콩만 하다. 일엽잣나무*Pinus monophylla*의
견과는 껍질이 무르며 이엽잣나무*Pinus edulis*(둘 다
옮긴이의 작명이다.−옮긴이)의 견과는 과육에서 버터
향미가 난다. 이 야생 잣나무의 견과를 수확할
수 있는 권리는 경매에서 팔리는데, 전체 규모가
800만 파운드에 이른다.

북아메리카에서 가장 맛있고 인기
있는 견과는 버터 향미가 나는 피칸*Carya
illinoensis*이다. 이 큼지막한 견과는 시장이
매우 넓다. 섀그바크히커리*C. ovata*와 킹넛*C.
laciniosa*이 뒤를 바짝 쫓는다. 야외 직거래 장터에
가면 갓 따서 껍질을 벗긴 견과를 살 수 있다.
이 견과들은 나날이 인기를 더해가고 있다.
가래나무과*Juglandaceae* 견과는 새로 얻은 인기를
만끽하고 있다. 흑호두나무와 백호두나무가
여기에 속한다. 이 견과들은 과육이 독특하다.
식품 산업 제조 공정을 거치면 향미가 변하지
않은 채 다양한 인기 식품으로 탈바꿈한다.
일례로 흑호두 아이스크림이 있다. 견과육을

추출하고 남은 목질인 열매껍질은 낡은 건물
외벽을 고압 세척하고 항공기 기체 표면을 연마
세척하는 데 쓰인다. 열매껍질은 거친 사포처럼
오염물질과 페인트 찌꺼기를 닦아내는데, 페인트
아래쪽 표면에는 손상을 입히지 않는다.

　　토착민의 일상생활에 가장 중요한 견과는
까끌참나무*Quercus macrocarpa*(옮긴이의 작명이다.
가시오크, 버 참나무bur oak라고도 불린다.―옮긴이)다.
씨앗이 커다란 이 참나무는 해마다 달짝지근한
식용 견과를 맺는다. 견과의 향기는 지역마다
다른데, 석회암 지대인 카르스트 지형에서 나는
것들이 더 달다. 까끌참나무 도토리는 대량으로
채집된다. 이렇게 모은 도토리는 미국피나무*Tilia
americana* 섬유로 만든 주머니에 넣어 겨우내
흐르는 개울에 저장한다.

　　도토리는 채소로 먹었다. 모닥불에 구우면
열매껍질이 벌어졌다. 과육도 말려서 빻았다.
달달한 스콘의 일종인 배넉bannock은 밀가루와
섞어 구운 빵이다. 연한 땅콩향과 진한 장미색을
떠었다고 한다. 물론 소금은 넣지 않았다. 북부

아한대에서는 붉은퉁퉁마디 *Salicornia rubra*(함초)를 쓰지만 북아메리카 대륙에서는 식염이나 염화나트륨을 넣는 경우가 드물었다. 그 대신 야생 허브를 써서 음식의 향미를 돋웠다. 그 시절은 지나갔다.

구주소나무

Pinus sylvestris

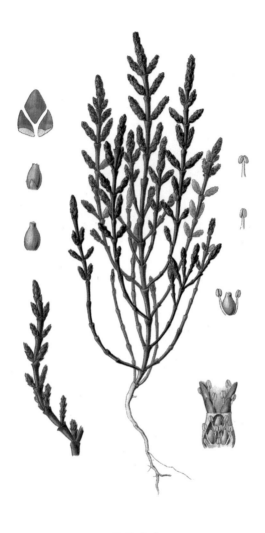

퉁퉁마디

Salicornia europaea

숲, 요정, 아이

**세계숲을 벌목하는 것은 아이들의 상상을
도둑질하고 미래를 약탈하는 행위다**

아이에게는 많은 것이 있다. 아이는 지식을 지닌
채 태어난다. 수정이 이루어질 때마다 그 지식은
짝짓기를 통해 전달된다. DNA의 활자에 담겨
이동한다. 이전에 알고 있던 모든 것, 앞으로
필요할 모든 것이 새 생명을 위해 새 분자에
기록된다. 어떤 재산도 내생에 전달되지 않는다는
통념이 있지만 그와 반대로 우리는 모두
무언가를 가져간다. 우리는 태어나면서 받은
지식의 온전한 선물과 더불어, 일평생 살아가면서
얻은 지혜를 지닌 채 이생을 하직하여 무덤의
관문을 통과해 그 너머로 간다.

아이는 젊음의 햇볕을 받으며 예술을 통해 자신의 감정을 표현한다. 아이의 마음속에는 언제나 그림이 있어서 바닥에, 탁자에, 벽에, 심지어 귀한 책에 자국을 남길 기회를 호시탐탐 엿본다. 선 그림이 종이에 처음 나타난다. 이 이미지는 아이에게 강력한 효과를 발휘한다. 자아의 탄생을 의미하기 때문이다. 형제자매, 태양, 반려동물 그림도 있다. 굴뚝에서 연기가 피어오르는 집의 그림도 어김없이 등장한다. 나무도 있다. 선 그림은 아이에게 중요한 사물들을 표현한다. 그림은 오로지 선물로서만 주어진다. 우리가 아이를 온전히 이해할 수 있도록 아이가 어른 세상에 내어주는 선물이다. 그림은 자라는 아이에게 중요한 것을 모두 표현하기 때문에 이 선물에는 진지한 의미가 담겼다.

아이는 틀에서 벗어나 살아가기 때문에 원초적인 지혜와 생각을 여전히 간직하고 있다. 문화와 문명은 아이의 마음에 새겨진 패턴을 아직 지우지 못했다. 몸이 현실에 매여 있는

동안에도 마음은 날아오른다. 비행의 길잡이는
본능이다. 그래서 절대적으로 명료하다.

어린아이는 텔레파시로 아기의 언어를 알아들을
수 있다. 틀리는 법이 없는 본능이라도 있는 듯
아기 속 남녀를 구별할 줄 안다. 어린아이는
어머니의 마음과 연결되어 있기에 배고파 울음을
터뜨리기도 전에 어머니에게 젖이 돌게 한다.
아이는 보이지 않는 사람들과 교류할 줄 안다.
그리고… 어린아이는 나무에 대한 이해를
타고난다.

나무를 베는 것은 아이에게 살해와 같다.
그림에서 나무가 부러져 있으면 그 나무는
생명을 잃은 것이다. 아이는 나무에 생명이
있음을 안다. 나무를 베는 것은 아이에겐
생각조차 할 수 없는 야만적 행위다. 나무는
친구이기 때문이다.

나무는 정체성의 풍경에 단단히 자리 잡은
사물이며 이 풍경은 다시 마음의 풍경이 된다.
나무는 일생 동안 자아가 확신을 얻고 싶을 때
돌아가는 시금석이다. 온전한 정신과 치유를

마음의 영적 삶 속에 자리 잡게 한다. 어린 시절에
확립된 이 연결은 평생 동안 영혼을 안정시키며
노년의 지혜를 빚어낸다.

세계숲을 벌목하는 것은 아이의
시각에서는 순전히 미친 짓이다. 숲나무의
목숨을 빼앗는 무분별한 고의적 파괴 행위다.
새들의 둥지를 사라지게 하고 먹이도 빼앗는다.
나비는 아름다움을 뽐낼 곳을 잃는다. 더는
비단결 날개에 아로새겨진 색깔을 보여주지
못한다. 숲의 대형 동물도 사라질 것이다.
작은 짐승들은 숨을 곳이 없다. 잠자고 털을
다듬을 곳도 없다. 달팽이와 민달팽이는 집을
끝없이 옮겨야 할 것이다. 시간을 잊은 기나긴
어린 시절에 아이가 오를 나무, 그네 줄을 묶을
나무가 사라질 것이다.

나무의 존재를 믿는 아이는 요정의
존재도 믿는다. 요정은 나무에서 살기 때문이다.
요정은 하늘을 날 줄도 안다. 나뭇가지 사이를
날아다니며 커다란 잎에 앉을 수도 있다. 천사가
핀 끄트머리에 앉을 수 있는 것처럼 말이다.

언제나 그렇게 식은 죽 먹기다. 요정의 세계에 대한 책과 옛날이야기는 그렇게 말한다.

요정은 꽃을 머리에 쓰기도 한다. 이런 꽃은 아주 작아야 한다. 땋은 머리에 꽃을 새틴 리본으로 묶는다. 요정은 옷도 있다. 대개 잎을 잘라 만든다. 촘촘한 꽃잎을 잘라 만들 때도 있다. 가리비 모양 꽃잎은 치맛자락에 댄다. 요정은 언제나 맨다리이며 구두를 신고 있다. 황금 구두다. 복주머니난(개불알꽃)이 무리 지어 피어 있는 곳을 지날 때면 마음 내킬 때마다 난꽃을 새 구두 삼아 신는다. 새벽의 황금빛에 담가 색을 입힌다. 요정은 지팡이를 가지고 다녀야 한다. 이루 말할 수 없는 힘을 지닌 마법 지팡이다. 지팡이 꼭대기에는 트럼펫꽃이 있다. 흰색이고 향기가 진하다. 요정의 개인 비서인 청개구리는 이 꽃을 컵 삼아 물을 마신다. 청개구리는 요정을 느릿느릿 조심스레 따라다닌다.

어떤 경이로운 이유에선지 모르지만 호수의 원형 요새 크래노그crannóg와 평지의 요새라ráth(또는 둔dún) 시대 이래로 5000년 넘도록 요정은 아이들을 사로잡아왔다. 이 청동기 시대 주거 유적, 특히 아일랜드의 유적에서는 아일랜드어, 시, 고대 지혜의 형태로 행동 금기가 전해 내려오는데, 이 금기들은 오늘날까지도 지켜진다. 이곳은 '시Sí(요정의 원)'라고 불리며 요정이 산다.

아이는 사람이다. 존엄으로 가득하다. 사랑하고 살아가는 작은 사람이기도 하다. 아이와 요정이 우리 지구를 물려받을 것이다. 그들은 앞에 있는 어른 세대가 자신들을 지키고 돌봐주리라 확신한다. 어릴 적 그린 풍경도 그들이 돌봐주리라 믿는다. 이것은 인류의 유산이라고 불리며, 우리가 살아가는 사회를 빚어내기 위해 우리 문화가 의지했고 지금도 의지하는 믿음 체계다. 세계숲을 벌목하는 것은 우리 지구에 사는 모든 아이에 대한 깊고도 개인적인 배신이다. 그들의 상상을 도둑질하고 미래를 약탈하는 행위다.

보다시피 아이에게는 정말로 많은 것이

있다. 아이의 탄생은 모든 지식의 탄생이다.
나무와 요정을 없애는 것은 아이를 없애는 것과
같다. 이들은 미래다. 아이에게 귀 기울이고
요정도 잊지 말라.

노랑개불알꽃

Cypripedium calceolus

토착민

**나무만이 오랜 침묵 속에 있는 과거 문화에
대해 말할 수 있다**

역사가 아메리카 대륙의 표면을 휩쓸어 남은
것이 거의 없다. 나무는 북아메리카의 이야기를
들려준다. 나무만이 과거 문화에 대해 말할 수
있기 때문이다. 그 문화는 입말 전통에 바탕을 둔
구전 문화였다. 침묵만이 남아 있다. 이 침묵의
길을 북아메리카 전역에서 볼 수 있다.

아메리카 대륙에는 복잡한 문화가 있었다.
그중에는 알려진 것도 있고 알려지지 않은
것도 있다. 우루과이 로스아호스 같은 뜻밖의
외딴곳에서 발견되기도 한다. 그곳의 문화

전수는 우림을 초원으로 바꾼 가뭄 패턴에 의해 강요되었다. 이 변화는 약 4000년 전 브라질 우림 부족들에게도 영향을 미쳤다. 하지만 커호키아에 있는 중세 고분 문화만큼 마음을 사로잡는 것은 없다. 그곳에서는 하인들을 죽은 주인과 함께 매장했다.

이 고분 문화는 11세기보다 훨씬 전 아메리카 대륙에서 가장 큰 수변 지대인 미시시피강 유역에서 생겨났다. 현재 위치는 일리노이주 이스트세인트루이스 근처다. 그곳은 커호키아 수사의 고분이라고 불리는 으리으리한 대도시였다. 면적은 300에이커에 이르렀다. 약 120헥타르나 된다. 외곽 면적까지 합치면 약 1200에이커(486헥타르)로, 유럽식 성벽 도시와 맞먹는다. 인구는 7만 명까지 급증했다. 면적과 인구 둘 다 당시 영국 런던에 버금갔다.

커호키아의 아메리카인 부족들은 고분을 쌓았다. 고분들은 크기와 무게 면에서 남달랐다. 크기로 보자면 어마어마하게 큰 건축물을 짓는 재능을 가진 다른 문화에

뒤지지 않았다. 그 다른 문화의 주인공은 이집트 파라오다. 그들의 건축물은 고대 세계의 불가사의 중 하나인 피라미드다. 커호키아의 흙 고분은 피라미드보다 크다. 가장 큰 것은 바닥 면적이 16에이커(6.5헥타르)이고 높이가 100피트(30미터)에 이른다.

커호키아에서 살아가고 사랑한 사람들이 안녕을 누린 비결은 토종 흑호두나무였다. 이 견과목은 예나 지금이나 아메리카 숲의 제왕이다. 숲의 식물 중에서 단연 돋보인다. 정단분열조직과 휴면눈은 영양소가 풍부하여 토실토실하다. 아르데코풍 가지가 달린 줄기는 달콤한 자당 수액으로 가득하다. 흑호두나무는 명령문으로 말한다.

기다란 잎의 낙엽조차 발산의 화음을 속삭인다. 서리가 내리면 모든 잎이 한날에 떨어진다. 그러면 독보적 단백질이 든 보물 상자가 드러난다. 모두가 노리는 전리품이다.

여문 호두는 손안에 꼭 맞는다. 나무에 달린 채 초록색으로 익는다. 달걀 모양의 열매를 맺는 나무도 있다. 이 견과는 더 달다.
다른 것들은 완벽한 구형이다. 결이 굵으며 한
개나 두세 개씩 달려 있다. 겉모습은 한결같다.
바깥쪽은 무른 겉껍질인데, 물론 초록색이며
숙성하면서 단단해지고 건조해져 진갈색을 띤다.
겉껍질 안쪽에 있는 딱딱한 껍질은 주름졌으며
근심 어린 표정이다. 이 껍질이 과육을 보듬고
있다. 과육은 사람 뇌처럼 생겼으며 레이스처럼
생긴 갈색 조직인 내막에 단단히 싸여 있다.
흑호두 과육은 고품질의 단백질과 필수
지방산 비율이 독보적이다. 무게당 영양 면에서
소갈비구이와 맞먹는다.

커호키아에 연료를 공급하고 근육에 힘을
불어넣어 이집트 피라미드에 비견되는 흙 고분을
쌓을 수 있게 한 것은 이 질 좋은 과육이었다.
주민과 거대한 강에 건강을 선사한 것은 과육의
약용 성분이었다. 당뇨병에 맞설 인슐린을
공급한 것은 과육에 들어 있는 섬유소와
칼슘이었다. 암을 막아준 것은 엘라그산ellagic
acid 화합물이었다. 마지막으로, 고분을 설계할

지력을 선사한 것은 세 가지 필수 지방산인
올레산, 리놀레산, 리놀렌산이었다.

커호키아 수사의 고분 인근에서
미시시피강의 깊은 충적토 밑바닥 흙으로부터
자라난 호두나무 숲은 당시에 독특한 특징이
있었다. 커다란 뉴잉글랜드초원멧닭*Tympanuchus
cupido cupido* 떼가 나무를 돌봤다. 이 멧닭들은
흑호두나무의 우람한 가지에 날아들어
밤바구미를 비롯한 해충을 잡아먹었다.
흑호두나무의 토실토실한 정단부와 달콤한
수액은 포식자를 위한 확실한 미끼였기에
뉴잉글랜드초원멧닭은 면도날처럼 날카로운
부리와 번개 같은 민첩함으로 나무를 보살폈다.
멧닭의 눈은 아무리 작은 먹이도 놓치지 않았다.
하지만 해충 방제팀은 더는 우리 곁에 있지 않다.
애석하게도 멸종했다.

나그네비둘기*Ectopistes migratorius*도
멸종했다. 이 철새들은 이동할 때면 구름처럼
태양을 가렸다. 나그네비둘기는 이른 봄 산란
둥지를 마련하고 우람한 우듬지에 깃든 별미

곤충을 잡아먹기 위해 북아메리카 동부의
흑호두나무를 돌봤다. 새 중에서 가장 온순한
나그네비둘기도 더는 우리 곁에 있지 않다.

결국 마지막 흑호두나무 원시림을 구해낸
것은 개척민 여인들이었다. 이 숙녀들은 '인디애나
개척자 어머니들Indiana Pioneer Mothers'이라는
거창한 이름으로 불렸다. 그들은 자신들이
물려받은 중요한 유산인 흑호두나무 원시림을
'인디애나 개척자 어머니들의 기념 숲'이라고 이름
지었다. 그 숲은 인디애나주 남부 파올리 남쪽에
있다. 미국과 세계에 남겨진 이 유산은 전체
면적이 60에이커(25헥타르)에 불과하다. 이 숲은
살아 있는 미국 역사다. 한때 아메리카 대륙을
호령하고 위대한 세계 문명과 어깨를 나란히 한
역사를 기념한다. 지금은 60에이커의 흑호두나무
양탄자로 덮여 있다.

뉴잉글랜드초원멧닭
Tympanuchus cupido cupido

생물다양성을 위한 바이오플랜

**바이오플랜은 자연의 닳아 해어진 요소들을
다시 뜨개질하여 우리의 생각에 담는다**

최근 수십 년간 인류는 지혜의 단절을 겪었다.
공동의 부엌 식탁은 더는 식사에 쓰이지
않는다. 할머니와 할아버지는 갇힌 신세다.
그들의 이야기는 들려지지 않는다. 손자녀는
이야기를 듣지 못한다. 신성은 추락했다. 거룩한
금전이라는 교회가 세상을 다스리고 정신적 역할
모델은 유리 화면에 들어 있다. 환경은 종적이
없다. 서둘러 어디론가 사라졌다.
　　세계숲 안에 있는 질서 정연한 자연의
지혜는 아직도 우뚝 서 있다. 그 장엄함은 깃털로

덮인 가슴 속에서 고동치는 심장을 가만히
바라보라고 우리에게 말한다. 숲은 숨을 내쉴
때마다, 숲 바닥 부엽토에 씨앗을 떨어뜨릴
때마다 우리의 미래를 예견한다. 이 지혜는
생명의 우주적 목소리이며, 우리의 영혼을 찾아
침묵 속으로 스며든다.

　　생동하는 숲은 복잡한 생명 형태다. 자신의
식물상에 의해 얽혀 있으며 그 속의 포유류,
양서류, 곤충에게 이끌린다. 균류, 조류藻類,
지의류, 세균, 바이러스, 박테리오파지에
의해 균형을 유지한다. 숲의 조상은 나무다.
나무는 탄소에 의해 암호화된 신호로 소통하며
초저음으로 자신의 존재를 알린다. 대기는 숲을
하늘과 태양에 연결한다. 인간은 생명의 거미줄에
사로잡힌 동시에 깃들어 있다.

　　세계정원에 있는 어떤 숲의 역사도 알려져
있지 않다. 과거의 영광을 알려주는 어떤 기록도
남아 있지 않다. 현대의 단작單作 나무 농장은
숲이 아니다. 필요한 생물다양성 규모에 못
미치는 농장이다. 농장은 환금 작물을 키워야

하는 농부들에게나 필요하다. 생동하는 숲은
세계정원에도 필요하다. 지구의 허파로서 대기
중 산소 농도를 높게, 이산화탄소 농도를
낮게 유지한다. 이렇게 생명에 필요한 균형을
유지한다.

무지와 탐욕 때문에 세계숲의 나무들이
유전적으로 변형되고 있다. 이것은 예측할 수
없는 도미노 효과를 낳을 것이다. 숲에 뿌리는
살충제는 표적 생물보다 훨씬 많은 생물을
죽인다. 깨끗한 환경은 숲 안에서조차 모순적인
표현이다. 오염은 전 세계적이며 우리가 포장된
가공식품을 한 입 먹을 때마다 증가한다. 독성은
누적되며 먹이 사슬을 따라 상승 작용을 일으켜
독성의 꼭대기에 있는 우리에게 도달한다.

바로 지금 인간, 식물, 동물 안에도 오염이
있다. 그것은 우리 몸속 분자의 오염이다.
이를테면 몸속 지방인 지질은 베타 산화라는
효소 작용에 의해 분해된다. 탄소가 한 번에
두 개씩 떨어져 나가 지방 분자가 흔적 없이
사라진다. 많은 지용성 살충제는 탄소가 세

개이므로 이 산화 작용이 끝나면 우리 몸속에는
탄소가 하나 남는다. 이 오염물질 탄소는 계속
쌓이며 우리 몸은 이 탄소를 효소로 제거하는
방법을 모른다. 이 오염은 대사 작용 자체로
인한 결과다. 답은 몸속의 역삼투 작용이다.
깨끗한 유기농 식품을 재배하고 먹으면
오염물질을 내보낼 수 있다. 이것이 희석 효과다.
이 방법이 통하는 이유는 세포의 내용물이
고정되어 있지 않기 때문이다. 음식은 들어오고
노폐물은 나간다. 나무와 식물, 동물과 인간도
마찬가지다.

　　　오염 되돌리기와 환경 안정화의 전체론적
정답은 바이오플랜이다. 바이오플랜은 자연의
닳아 해어진 요소들을 다시 뜨개질하여 우리의
생각에 담는다. 지니를 램프에 도로 집어넣지는
못하더라도 불행을 못 나오게 할 수는 있다.
시간도 새로운 안전망이 되어줄 것이다. 이것은
유전 부호에 나름의 완충 체계가 있기 때문이다.
이 체계가 효소를 유도하고 억제하여 벌에서
인간까지 모든 생명체의 모든 메커니즘을

치유하는 마법을 부리려면 시간이 필요하다.

숲의 바이오플랜을 실행하려면 중심 나무를 고른다. 이 핵심 시작 종種은 그 지역의 토착종이어야 한다. 이 나무들은 키가 가장 큰 최고의 유전자를 간직해야 한다. 인근에서 가장 나이 많고 가장 건강한 어머니 나무 중에서 골라야 한다. 중심 나무의 유전물질은 기후 변화, 병충해, 가뭄을 이겨낼 것이다. 숲의 생명에 필수적인 내부 굴성(식물체의 일부가 외부의 자극을 받았을 때, 그 자극 방향에 관계되는 쪽으로 굽는 성질.-옮긴이)이나 정교한 호르몬 경로도 몇 가지 가지고 있을 것이다.

나무씨는 유전적 예측 가능성을 높이기 위해 생장이 최상인 해에 채집해야 한다. 우수한 씨앗은 꺾꽂이보다 낫다. 씨앗에는 미래의 생장 조건을 예측할 자국이 찍혀 있기 때문이다. 하지만 과도하게 수확하고 고급 개체만 선별적으로 수확한 탓에 뛰어난 유전자 비축분이 점차 줄어들었다. 희귀한 나무는 더 심각한 처지다.

중심 나무는 꼭 필요한 존재로서
보호받는다. 다양성을 가져다주기 때문이다.
늘푸른나무와 갈잎나무가 섞여 있으면
더할 나위 없다. 이 나무들은 씨앗으로
심어도 좋고 묘목으로 심어도 좋다. 숲의
토종 여러해살이풀도 들여올 수 있다. 현지
숲에서 자연적으로 자라는 알줄기, 덩이줄기,
구슬눈(영양 물질이 농축된 번식용 다육 부위.–
옮긴이)도 모두 갖춰야 한다.

인공 새집이 올라간다. 새들은 기는줄기
식물과 여러 한해살이 식물을 똥 속에 넣어서
들여올 것이다. 이 소림 식물종의 상당수는
씨껍질이 쪼개지려면 위산에 닿아야 한다. 그러면
발아가 일어난다. 새와 포유류의 똥은 씨앗에 꼭
필요한 질소를 공급한다. 질소 순환에 참여하는
질소고정세균은 장운동으로 배출되어 필수적인
균근 생장의 시동을 건다.

바이오플랜 숲에서는 바람도 중요한
요인이다. 지의류와 우산이끼, 이끼, 양치식물의
홀씨가 날아든다. 이따금 돌풍과 허리케인이

홀씨를 흩트린다. 시간이 지나면서 난 같은
희귀한 식물이 평온한 땅을 찾는다. 양달이든
응달이든 자신의 욕구에 꼭 맞아떨어질 때
도착한다. 그렇게 바이오플랜으로부터 숲이
느릿느릿 띄엄띄엄 살금살금 태어난다.

숲은 모든 나라에 이롭다. 숲은 고요한
피난처다. 모든 고요한 생각으로부터 마음이 제
나름의 인간성 속에서 재탄생한다. 나무와 숲은
국제적 보물이다. 세계정원의 숲은 자연의 살아
있는 성당이다.

웃으렴, 원숭이야, 웃으렴

'소박함', '지속 가능성', '온전한 정신'에 기후
변화를 멈출 해답이 있다

기후가 화제다. 기후는 변화하고 있다. 하지만
기후는 늘 변화한다. 해마다 변화한다.
변화야말로 예상할 수 있는 유일한 것이다.
하지만 이 변화는, 이번에 찾아올 변화는 우리
인류가 지금껏 듣거나 경험한 그 어떤 것과도
다르다. 앞으로도 다를 것이다.
　　기후 변화는 전에도 일어난 적이 있다.
하도 오래전이어서 암석에만 흔적이 남아 있다.
고대 지층은 화석화된 식물의 표본집이다. 이
식물들의 독특한 복잡성은 오늘날 우리 주변에서

보이는 식물들과 다를 바 없다. 무른 암석층은
이따금 멸종 포유류의 납골당으로부터 작은
뼈를 뱉어내어 이름 맞히기 문제를 낸다. 선사
시대 벌새의 날개뼈 조각 하나 앞에서 모든
과학이 고개 숙여 절한다. 이 모든 결과를 일으킨
재앙에 대해 모든 과학이 논쟁한다. 오늘 우리는
안다.

우리의 보금자리인 지구는 살아 있는
체계다. 태어났고 살아간다. 그리고 죽을 것이다.
이것은 생명의 표지다. 탄생의 첫 번째 표지는
빅뱅에서 생겨났다. 빅뱅 이론은 우주물리학의
어느 이론 못지않게 훌륭하다. 빅뱅은 요긴한
출생 기록이다. 행성 지구의 다음 단계는 생명의
탄생이다. 지구의 목소리는 초록색이다. 지구는
수천 년 주기로 움직이며 반복되는 나선형 설계
패턴을 색칠한다. 화학물질들이 거울상을 이루고
자연에서 수학적 나선이 발견되는 것은 설계의 한
측면에 불과하다. 이 설계들은 이따금씩만 반짝
엿보인다.

지구는 생명의 망토를 걸쳤다. 망토가

지구의 어깨에서 내려오고 있다. 끌어내려진다. 이 벌거벗음은 마지막 단계인 죽음을, 모든 죽음을 가져올 것이다. 그 뒤에는 영원한 침묵이 이어질 것이다.

생명의 망토에는 여느 생명 체계와 마찬가지로 완충재가 있다. 이 완충재는 자연에 존재하는 평형을 보호한다. 이것은 궁극적 보호를 위해 모든 생명 체계에 장착된 허용 오차다. 대기가 달라졌다. 몇몇 기체가 증가했다. 그중 하나가 이산화탄소다. 이산화탄소 농도가 상승했다. 이 상승은 자연적이지 않다. 고농도 이산화탄소는 유독성 기체다. 모든 식물의 엽록체 열역학 반응의 생명 과정을 바꿔버린다. 과거에 이산화탄소 농도가 높아지고 대기 중 산소의 양이 줄어들면서 균류, 이끼, 양치식물의 생장에 변화가 일어났다. 이 산성 대기에서 자라는 종들은 수십 미터 높이로 솟아올라 경관을 지배했다. 이산화탄소는 해양 생물을 위한 바다의 탄산수소염 완충 체계도 바꿔놓는다. 대기 중 이산화탄소

농도가 높아지면 해수면 가뭄이 일어난다.
해수 탄산수소염을 생산하려면 대기의 습기가
필요하다. 껍데기와 뼈대는 탄산수소염으로
만들어진다. 이산화탄소 증가는 모든 토양과
토양, 토양과 뿌리 사이의 상호작용에 필수적인
수소 이온을 훔쳐 모든 토양의 생명 화학 작용을
변화시킨다. 그로 인한 최종 효과는 산소를
필요로 하는 호기성 생물의 멸종이다.

    지구 기온이 상승하면 대기, 바다,
육지에도 변화가 일어난다. 이 변화는 화학적
변화이며, 생명 자체의 토대인 모든 유기 반응에
작용한다. 핵 DNA의 지휘 본부에서 내리는
명령은 반드시 따라야 한다. 이 명령은 본디
언제나 생화학적이다. 이로부터 종의 생명에
이르는 생화학적 경로가 만들어진다. 모든
생화학 반응은 온도에 좌우된다. 온도가
낮아지면 반응 속도가 느려지고 온도가
높아지면 반응 속도가 빨라진다. 기후 변화로
기온이 상승하면 생명의 모든 화학 반응 속도가
빨라질 것이다. 완두콩의 반응 속도뿐 아니라

병원체의 반응 속도도.

이 반응 속도 증가는 많은 것에 영향을
미친다. 대기 중 기체의 성질과 작용이 달라진다.
대기의 무작위 패턴은 혼돈의 증가로 이어진다.
이 말은 모든 대기 중 기체의 반응 속도가
빨라진다는 뜻이다. 그러면 이온화가 일어날
기회가 증가한다. 이온은 태양의 광자가
통과하는 경로를 변화시키며, 이 때문에
광합성을 위한 잎살 조직 내 엽록체에 들어가는
광자의 개수가 적어진다.

바닷물 온도가 올라가면 미세 식물과 수생
동물의 반응 속도가 증가하며 먹이 활동 패턴이
자신과도, 태양과도 분리된다. 그러면 바다에서
생태계 혼란이 벌어진다. 토양도 마찬가지일 거라
예측할 수 있다. 유익한 미생물의 균형이 깨지기
때문이다.

온도 상승은 동식물 유래 질병의 모든
매개체에 영향을 미친다. 피해 규모는 질병
매개체와 피해 생물의 보편적 화학 반응에
좌우된다. 적도에서 남북극까지 어느 곳도

무사하지 못하다. 기온이 상승하면 질병이
이동하여 새로운 지역에 침투할 것이다. 또한
많은 질병이 숙주를 넘나들며 새로운 영역에
진출할 것이다.

드넓은 툰드라도 달라질 것이다. 이 한랭
지대 밑에는 막대한 양의 결합 이산화탄소가
갇혀 있다. 이 탄소는 건조 지대에도 있고 침수
지대에도 있으며, 썩어가는 식물질의 유기물
형태를 이루고 있다. 기온이 상승하면 이 지역의
증발량과 부패율이 증가하여 이산화탄소의 대기
방출량이 더욱 증가한다.

기후 변화를 멈추고 돌이킬 수 있는
해답이 있다. 그것은 3S 시스템이다. 3S는
소박함simplicity, 지속 가능성sustainability, 온전한
정신sanity의 약자다. 이것은 소박한 삶, 지속
가능한 사고, 이 문제에 대해 모두가 나름의
역할을 할 수 있다는 건전한 상식을 뜻한다.
우리가 문제를 유발했다면 치유할 수도 있다.
웃으렴, 원숭이야, 웃으렴.

포유류를 위한 약

세계숲은 모든 짐승의 목숨을 구하는 생화학
약물의 보물 창고다

포유류나 새, 곤충, 어류의 은밀한 삶에 대해서는
알려진 것이 거의 없다. 하지만 어느 종이든
나름의 약이 있다. 균류를 재배하는 개미는
항생제를 생산하기 위해 세균을 가지고 다니며
털짐승의 핥기 행동은 쓰라린 상처나 손상
부위의 혈액 순환을 증가시킨다.

　　세계정원의 큰 숲에는 야생 생물을 위한
약용 식물도 많다. 숲의 생물들은 풍성한 약에
대한 지식을 잊지 않았다. 첫 달걀을 낳는
암탉처럼 지식이 각인되어 있다. 미끌미끌한

타원형 물체가 나오는 산란은 놀라운 일이다. 하지만 어미인 암탉은 달걀의 모양이 자신과 전혀 닮지 않았음에도 동일성을 주장할 자격이 있다.

세계정원에 있는 약과 이것이 동식물과 어떤 관계인지에 대해서는 놀라운 사연이 많다. 특별한 사례 하나는 북아메리카 토종 데이지다. 이 식물은 대륙 한가운데 그레이트플레인스 지역에 서식한다. 데이지가 에키나케아 푸르푸레아*Echinacea purpurea*라고 불리는 이유는 꽃이 고슴도치와 가시도치처럼 뾰족뾰족하기 때문이다. 이 식물은 콘플라워라고도 불린다. 여덟 종의 방울뱀과 함께 건조한 지대에 산다. 콘플라워는 고대 약용 식물로, 여덟 종의 현지 뱀에 대해 뛰어난 생화학적 항사독소(독사나 독거미의 독물을 중화하는 면역 혈청.-옮긴이)가 있다. 식물에서 비롯한 이 생화학물질에는 카페인 분자가 달라붙어 있어서 위벽을 지나 소화계를 통과하여 순환계에 들어가는 속도가 빠르다. 뱀독의 독성을 차단하여 목숨을 구하려면 속도가 관건이다.

늦대, 코요테, 개 같은 갯과 동물은 힘든
시기에 약을 찾아다닌다. 개가 냄새로 찾는
풀이 하나 있다. 이 풀은 볏과 사촌들과 나란히
자라지만 개는 자신에게 필요한 종을 가려낼
수 있다. 바로 구주개밀*Agropyron repens*이다. 이
풀은 성숙하면 트리티신triticin 당이 섞인 항생
점액을 함유한다. 이 풀의 잎을 뜯어 먹으면
비뇨생식계가 청소되는데, 이것은 개가 영역
표시를 하는 데 큰 도움이 된다. 갓 눈 오줌은
개가 몸 관리를 잘하고 있다는 표시다.

열대 지방의 하마에게도 놀라운 점이 있다.
하마는 티로신tyrosine이 풍부한 식물을 찾아 먹어
저장한다. 티로신은 나중에 색소가 함유된 두
가지 산酸으로 전환되는데, 이 때문에 하마의
땀에는 색깔이 있다. 주홍색 땀은 자외선 차단제
역할을 하며 하마의 피부에 항생제로도 쓰인다.
하마가 이따금 다른 하마와 드잡이하다가
피부에 상처가 나면 덥고 습한 기후에서는
치명적일 수 있다. 하지만 피부에서 분비되는

두 가지 산의 살균 효과 덕분에 불행한 사태를
미연에 방지할 수 있다.

아메리카 북동부 숲에서는 가을이면 또
다른 생화학물질 잔치가 벌어진다. 그중 하나가
주글론이라는 지혈제다. 이 약물은 재빨리
출혈을 멎게 하고 혈액 응고제 역할을 한다. 전
세계의 가래나무과 호두나무들은 줄기의 부름켜
바로 안쪽에 이 화학물질을 지니고 있다. 사슴은
이 종류의 나무를 찾아다닌다. 수사슴은 뿔이
나려고 간질간질하고 벨벳 덮개가 헐거워질 때
호두나무를 즐겨 찾는다. 가려운 부위를 피가 날
때까지 호두나무에 비비는데, 그러면 부름켜가
노출되어 주글론이 혈액 응고제로 작용한다.
주글론은 뿔이 떨어진 뒤 두개골 꼭대기에 새로
드러난 돌기를 살균 면봉처럼 소독해주기도
한다.

세계숲에서 생산하는 생화학 약물 중에서
가장 중요한 것은 좀처럼 눈에 띄지 않는다.
그것은 숲의 목랍과 나뭇진이다. 나무줄기의
수지구(나뭇진이 분비되는 세포의 빈틈.—옮긴이)에서

분비되는데, 이따금 기다란 렌즈 모양 숨구멍인 껍질눈 근처에서도 볼 수 있다. 잎과 잎자루의 특수한 샘 조직에서도 분비된다. 투명한 것도 있고 색깔을 띠는 것도 있다. 상당수는 냄새가 있으며 전 세계에서 껌으로 쓰였다.

목랍과 나뭇진은 중합체인 경우도 있고 물을 떨쳐내는 소수성疏水性 화학물질과 결합한 중합체 혼합물인 경우도 있다. 이 풍부한 화학물질에 열을 가하면 곤충 보금자리의 재료인 밀랍으로 바뀐다. 밀랍은 보금자리에 물이 스며들지 않게 하며 때로는 공기도 차단한다. 곤충 세계의 방어용 화학물질이다. 항진균 및 항생 효과도 뛰어나다. 곤충의 보금자리에 약품 처리한 벽지를 바르는 셈이다.

덥고 습한 여름날 일벌이 나뭇진을 찾아다닌다. 큰턱으로 나뭇진을 떼어내어 벌집에 가져간다. 벌이 내려앉은 자리에 나뭇진이 철퍼덕 떨어져 있는 게 보인다. 벌들은 나뭇진을 벌집의 밀랍과 세심하게 섞은 다음, 침입을 막기 위해 벌집을 밀봉하고 실내 온도를 조절하는 데 쓴다.

벌집에 들어온 외부 곤충을 포박하는 데에도
쓴다. 침입자를 밀랍에 묻어버리면 벌집의 나머지
부분은 병균으로부터 안전하다.

꽃가루받이 곤충은 작고 하찮아 보일지도
모르지만, 수십억 마리로 증식했으며 생명의
사슬을 잇는 핵심 고리다. 이 곤충들이 건강을
잃으면 꽃가루받이가 이루어지지 못한다.
꽃가루가 없으면 씨앗이 만들어지지 못한다.
좋은 작물의 작은 씨앗 하나하나 안에는 가족을
먹여 살리는 부엌이 있고 농장에 또 다른 봄이
찾아오리라는 약속이 있다.

사랑하는 엄마

가장 건강하고 가장 성숙한 어머니 나무는
존중받아 마땅하다

모성 본능은 나무의 자연스러운 속성이다.
나무는 따뜻한 피가 흐르는 동물처럼 자식을
보호한다. 경우에 따라서는 제 목숨을
버리기까지 한다. 하지만 나무의 방식은
포유류와 다르다. 생명을 위한 싸움에 쓸 무기는
어머니 가문家門의 무기고에 들어 있다.

여느 어머니와 마찬가지로 대부분의
나무는 태생적으로 혼자 살기를 싫어한다.
공동생활을 한다. 나무의 공동체는 숲이다.
숲 안에서 모든 어머니 나무는 가장 안전하게

보호받는다. 그것은 정교한 경고 신호 체계 덕분이다. 경고 신호는 빠르게 움직이는 탄소 함유 분자에 의해 생성되어 나무로부터 대기 중으로 퍼져 나간다. 그러고는 공기 통로를 따라 숲의 나무들에게 전달된다. 이 분자 운동은 익충을 불러들여 포식을 유도한다. 나무는 땅속에서 탄소를 다른 나무와 교환하기도 한다. 한 나무가 응달의 열악한 환경에서 탄소 부족으로 시름하면 근처의 더 큰 나무가 도움의 손길을 내민다. 탄소를 식량으로 교환하는 과정은 토양 균근이나 균류에 의해 일어난다. 균류는 낭창낭창한 균사를 숲 바닥 멀리까지 뻗는다.

어머니 나무는 수태의 계절이 되면 소망을 품는다. 수태 중 상당수는 나무가 직접 실행한다. 어떤 수태는 꽃가루받이가 일어날 무렵 향기로부터 시작된다. 난자가 들어 있는 암술은 향기를 공기 속에 주입하여 모두에게 꽃가루받이 초대장을 보낸다. 이 화학물질 메시지를 받은 익충들이 잔치에 참석하려고 찾아온다. 꽃가루가

자유롭게 풀려난다. 잘 익은 꽃가루는 같은
종과의 교잡 수분을 위해 자신의 신원 메시지를
담고 있다. 그리하여 어머니 나무는 원하는
수정受精을 달성한다.

이따금 나무가 육식하는 일이 벌어지기도
한다. 토양의 질소 저장량이 부족해지면 균근
구성원 중에서 남조류('남세균'이 옳은 표현이지만
뒤에서 저자가 직접 바로잡고 있으므로 여기서는
직역한다.―옮긴이)가 극심한 스트레스를 받는다.
남조류는 달빛 아래에서 질소고정효소를
작동시켜 남은 질소를 단백질로 만든다. 땅속에
질소가 없거나 희박하면 어머니 나무는 무기고를
채우기 위해 조치를 취한다. 향기 농도를 높이고
최면 화학물질을 첨가한다. 그러면 벌 같은
익충이 혼수상태에 빠져 죽는다. 곤충의 사체는
나무의 생식 실현과 자손 번식에 절실히 필요한
수용성 질소를 공급한다.

나무의 자손은 배내옷에 감싸여 있다.
대개는 안팎의 두 겹으로 씨앗을 보호한다.
수종에 따라서는 더 많을 수도 있다. 겉겹은

대체로 단단하고 잘 부서지지 않는다. 씨앗이
겨울의 산전수전을 헤쳐 나가도록 해준다. 이
덮개를 씨껍질이라고 부른다. 씨앗의 과육에
달라붙은 고운 내복도 있다. 이 내막은 휴면과
미래의 세포 분열을 감지한다.

　　오랜 세월을 겪은 좋은 어머니 나무는
자녀가 스스로를 지킬 수 있도록 보살핀다.
자녀에게 구급함을 마련해준다. 씨앗은 꼬투리에
들어 있는 채로 새 장소로 이동하기도 하는데,
그 안에는 어린 씨앗을 보호해주는 항생제나
항진균제가 들어 있다. 식욕 억제제 화합물이
들어 있을 때도 있다. 수종에 따라서는 꼬투리
안에 단맛이 아주 강한 맛있는 화합물이 들어
있는 것도 있다. 이 꼬투리는 포유류의 장내를
통과하여 미지의 세계로 떠날 운명이다.

　　씨앗에는 연기나 뇌우에 반응하는
방아쇠가 들어 있을 때도 있다. 질소 비료가
급증할 것이기 때문이다. 신경 독소 같은 명백한
위험 물질을 가진 씨앗도 있고 인간이나 짐승에게
별미인 씨앗도 있다.

어머니 나무는 자신의 영역에 들어온
경쟁자를 혼쭐내기도 한다. 이를 위해 복잡한
이종감응물질을 주변 토양에 잇따라 분비한다.
이 화학물질은 토양에 스며들어 어머니 나무가
해치우고 싶어 하는 다른 어린나무나 수종에
치명적 타격을 가한다. 콩과에 속한 많은 나무는
씨앗을 지키려고 일종의 '핵전쟁'을 벌인다.
콩 씨앗의 행복에 위협이 되는 병원균류가
침입했다가는 DNA가 잘리는 봉변을 당한다.
이따금 낙엽에서 이종감응물질이 공중으로 퍼져
공기 살균기처럼 감염에 맞서기도 한다.

나무와 식물이 포유류처럼 따뜻한 피를
가졌다고 생각한 사람은 아무도 없다. 하지만
따뜻한 피 맞다. 남쪽 지평선에서 봄의 태양이
떠오르면 나무는 줄기부터 데워진다. 여기에는
수동적 흑체 효과가 작용하지만 이 수동적
상태의 위쪽에서 일부 나무는 대사 활동이
뚜렷이 증가하기도 한다. 나무줄기의 앞치마
부위를 감싼 덩이줄기, 뿌리줄기, 알줄기의
야생화 개체군이 이 발열 효과를 활용한다. 이

예열은 식물을 휴면에서 깨어나게 한다. 곤충이 일조할 때도 많다. 꽃봉오리와 꽃을 붙들어 맨 겨울의 당糖 접착제를 녹여 생장이 시작될 수 있도록 한다. 커다란 어머니 나무는 이 섬세한 봄 예열을 작은 나무보다 효과적으로 해낸다.

숲에서 최상의 어머니 나무는 가장 건강하고 가장 성숙한 개체다. 가장 큰 경우도 많다. 이 나무들은 삶의 비결을 깨우쳤다. 빛과 기후로 조절되는 적응형 효소 체계에서 유전자를 전달할 최고의 카드를 가지고 있다. 수백 년, 어쩌면 수천 년간 쓸 수 있는 최상의 의료 도구도 갖추어놓았다. 가장 굵은 어머니 나무는 자식도 비율이 비슷하다. 그럼에도 세계정원에서 도끼에 찍히는 것은 어머니 나무다. 마땅히 받아야 할 존중을 받지 못한다. 전혀.

숲의 꽃

기발함과 대담함을 두루 갖춘 숲의 꽃들이
자연의 또 다른 힘을 보여준다

아메리카 대륙의 행운은 토착민과 함께
찾아왔다. 4000년 전 그들이 북아메리카에
상륙했을 때는 좋은 시절이었다. 그들이 주변
자연 세계를 존경한 덕에 수많은 귀한 식물이
살아남았다. 그들의 존경이 얼마나 두터웠는지는
시골과 숲에서 이른 봄부터 가을까지 똑똑히 볼
수 있다. 유럽은 그렇지 않다.

　　북아메리카 치료사들이 쓴 약물의 보물
상자는 굉장한 볼거리였다. 자연의 한계 지대에서
생성된 약이 언제나 더 뛰어난 이유는 스트레스를

받으며 자라는 식물이 알칼로이드 무기를
많이 만들기 때문이다. 식물의 알칼로이드는
생존을 위한 보편적 공포-도피 전략의 일환이다.
알칼로이드는 독특한 생화학 작용을 나타낸다.
이 사실은 예리한 관찰을 통해 밝혀졌다.
식물을 수확할 때는 적어도 일곱 번째 세대까지
자랐는지 반드시 확인했다. 이것은 모든 종의
생존을 위해 구전되는 규칙이었다.

　　북아메리카의 숲은 이른 봄부터 꽃
앞치마를 두른다. 모든 숲에서 처음 피는 꽃들은
나무의 보살핌을 받으며 북쪽의 숲에서 남쪽의
숲까지 서로 공통점이 많다. 이른 개화의 불길은
땅속뿌리에서 솟아오른다. 해마다 벌어지는
생명의 경주에서는 일찍 일어나는 새처럼 잎의
도움 없이 피어나는 꽃도 있다. 뿌리는 전해에
저장한 식량을 품은 채 계속해서 모양이 바뀐다.
알줄기가 될 수도 있고 덩이줄기, 뿌리줄기, 다육
부위, 부풀어 오른 꽃대가 될 수도 있다. 전해의
강수량이 꽃의 크기를 좌우한다. 가뭄이 들면
꽃이 작아지고 비가 많이 오면 꽃이 흐드러진다.

이른 봄의 꽃들은 언제나 숲의 나무를 끌어안고 있다. 땅에서 가까운 나무줄기에 따뜻한 피가 돌아 꽃의 생장에 시동을 걸어준다. 나무의 열기가 땅을 데운다. 더 북쪽으로 가면 나무들이 실제로 눈과 얼음을 녹이고 태양 복사의 흑체 효과로 이른 꽃을 지켜준다. 북아메리카의 연령초와 노루귀, 유럽과 아시아의 패모와 여로처럼 일찍 핀 꽃의 상당수는 스스로 열을 발생시킨다. 이 발열 작용은 꽃을 틔우고 향기를 내보내어 첫 날벌레의 이른 꽃가루받이를 맞아들인다. 꽃가루받이 곤충이 꽃잎에 매달린 채 기온이 올라가길 기다리는 광경이 보일 때도 있다. 실제 꽃은 언제나 찰나에 피고 진다. 이것은 순전히 에너지를 보전하기 위해서다. 뿌리는 언제나 식량으로 가득하다.

숲에서 솟아나는 다음 차례의 꽃들은 언제나 더 대담하다. 뿌리의 보호를 받을 수 있는 구역에서 멀리 떨어져 피며 그 밖에도 특이한 성질이 있다. 잎 표면에는 두껍고 때로는 매끄러운 각피가 있다.

꽃은 기발한 수분 조절 비법을 가지고
있다. 꽃은 밖으로 드러나 있어서 증발과 수분
손실에 취약하다. 잎의 밀랍질 표면은 식물이
내부의 수분을 보전하게 해주며 매끄러운 표면은
물방울을 튕겨 떨어뜨려 뿌리에 흡수되도록
한다. 이 교묘한 배수 체계는 꽃에 원기를
불어넣는다. 노루발, 애기똥풀양귀비, 우드민트
같은 독립적인 꽃들의 개화 시기는 마치 자신의
행운을 아는 것처럼 언제나 좀 더 길다.

여름은 비다시피 한 바구니를 든 채 숲을
통과한다. 나무가 향기, 생식, 꽃가루받이로
기력을 소진했기 때문이다. 모든 생명이 이
부름에 응답하여 우듬지로 올라간다. 더운
여름 숲에 있는 꽃들은 뜨내기다. 어느 해에는
이쪽 구석에서 곤충을 유혹하다가 다음
해에는 목 좋은 곳을 찾아 자리를 옮기기도
한다. 이 식물들은 목숨에 여유가 있는
한해살이풀이다. 거무칙칙한 여러해살이풀은
지금쯤 끝에 다다랐다. 전해의 씨앗을 다
써버린 한해살이풀은 발아를 새로 시작해야

했다. 어린 풀은 숲 바닥에 쭈글쭈글 깔린 잎들
사이에서 잎으로부터 열기와 보호를 받으며
떡잎을 쳐든다. 그러다 조건이 맞아떨어지면
의기양양하게 솟아올라 꽃을 피운다. 그러면
곤충과 나비가 아래로 몰려들 것이다.

　　숲에서는 자연의 또 다른 힘이 뒤이어
작용하여 지난여름과 지난가을을 보여준다.
양치식물은 판근(일반적인 원통 모양이 아니라
수직으로 편평하게 발육한 판 모양으로 지표에
노출된 뿌리.－옮긴이)의 맹렬한 왕좌에 장엄하게
앉아 있다. 사방에서 인상파 점묘화가
솟아오른다. 생기 넘치는 원색의 버섯 덩어리다.
양치식물은 잎이 무성하다. 잎 아래에 있는 작은
홀씨주머니는 갈색의 무른 홀씨로 가득 차
있다. 홀씨는 마른 바람이 숲 바닥에 불어오길
기다린다. 어느 날 아침 이슬방울이 내려앉아
수증기를 내뿜으면 홀씨주머니가 터지고
홀씨들이 튀어나와 새로운 토양 요람에 자리
잡고는 다시 태어난다.

　　그러는 동안 점묘화는 가만히 색깔을

늘린다. 땅속에 들어찬 균사로 불룩해진 땅을
헤치고 회청색으로 성숙한 버섯갓이 고개를
내민다. 버섯은 종마다 특정 수종과 친밀한
관계를 맺는다. 둘은 땅속에서 아주 오랫동안
함께 살았다. 이제 다산을 기원하는 의식이 열릴
차례. 땅속 결혼의 이 성적 결합이 버섯의
형태로 결실을 맺는 현상은 자연의 미스터리다.
우리는 이유를 알지 못한다. 각각의 버섯은
가만히 기다리기 게임을 벌일 것이다. 그러다
어느 축축하고 어쩌면 심지어 유난히 따뜻하고
바람 부는 날 연기가 한 조각 피어오를 것이다.
새까만 포자 사슬이다. 구름처럼 허공으로
솟아올라 숲의 은밀한 구석에서 다시 열정을
불사르려고 구불구불 나아간다.

이윽고 관다발 세계 대전이 벌어진다.
관다발 식물은 예전에 비해 10분의 1밖에 안
된다. 현재 25만 종이지만 시시각각 수가 줄고
있다. 다양성의 대부분은 무지 때문에 감소하고
있으며 곳곳에서 자연이 공격받고 있다. 이제는
북부 한대수림도 공격받을 것이다. 과거의

전쟁은 국가 간의 전쟁이었다. 이제는 기업들이
비집고 들어온다. 그리고 숲의 꽃들은 짓밟힌다.
매일같이.

애기똥풀

Chelidonium majus

숲과 예술에 대하여

**예술과 과학은 진리를, 자연의 우주적 맥락을
발견하는 일이기도 하다**

예술은 진리를 강박적으로 탐구하는 일이다.
포유류의 거대한 세계에서 인간을 짐승의
품으로부터 떼어낸다. 예술에서 인간은 의식을
가진 존재로 정의되기 때문이다. 예술은 인간의
생각을 진리 탐구의 영역으로, 타인에게 모습을
드러낼 수 있는 모든 형식으로 자신을 던져
넣는다. 그 진리로 들어가는 여정에서 예술은
마음의 거울이기 때문이다.

　　　예술은 인류가 받은 축복 중 하나다. 앎
속에서 잉태되어 그 앎으로부터 행위의 흐름을

따라 어린아이에게 흘러든다. 그 흐름은 자아 인식을 형성하며 그 산물은 합일이다. 자아에 대한 앎은 인간을 인류로 빚어낸다. 한편 유일무이한 분리를 부추기기도 한다. 이런 것들은 '성숙 과정'으로 표현되며 시민 사회에서 타인과 함께 평화롭게 살아가는 능력의 기초로 간주된다.

예술은 인간의 거대한 그림자다. 오랫동안 인간을 따라다녔으며 많은 곳에서 보인다. 연장, 무기, 의복 같은 뜻밖의 사물에서도 볼 수 있다. 고대 예술은 동굴 벽화, 암각화, 직물, 목각, 정교한 디자인에서 찾을 수 있다. 시간의 처음부터 지구상의 인종들에게서 예술의 얼굴을 볼 수 있다.

하지만 예술에는 자매도 있다. 그 자매는 과학이다. 예술과 과학은 한집에 사는 한 가족이다. 모든 형태의 예술은 과학으로 가는 길을 열어준다. 예술은 모든 면에서 과학에 선행하기 때문이다. 예술이 발견에 이르는 변화의 종을 울리면 과학은 달려가 귀 기울이고 시험하고 배운다. 예술은 문화의 개념들을 때로는 빚어내고 때로는 반영하며 유행의 조류를 정의한다. 과학은 그 조류를 뒤따르다 '왜'의 거대한 영역을 돌아보며 '어떻게'라는 질문을 끄집어낸다.

창조성은 예술과 과학의 원천이다. 자연도 한몫한다. 창조성은 모든 생명 과정을 추동하는 자연의 기초적 힘이기 때문이다. 생명 스펙트럼에 속한 종들 사이에서 상호 연결을 맺어주기도 한다. 이것이 자연을 재생시키며 새로운 생명을 불어넣는다. 예술도 창조성에 의해 정의되며 창조성 없이는 존재할 수 없다. 과학적 생각은 창조성의 영감을 토대로 삼는다.

자연의 창조성은 상수다. 이 가치는 자연의 영원한 유연성에서, 존재하는 모든 생명 형태를 다루는 능력에서 볼 수 있다. 과학의 창조성은 깨달음에 기댄 모방과 자연에 대한 관찰에서 비롯한다. 예술의 창조성은 자연 자체와 그로부터 흘러나오는 모든 추상의 뒤를 따른다.

예술과 과학은 진리를, 자연의 우주적

맥락을 발견하는 일이기도 하다. 진리가
예술에서 드러나면 그 일은 장엄한 합일의 형태로
나타나며 이것은 예술 자체를 초월할 수 있다.
이것을 바라보고 다루는 것은 유행에 작용하는
문화의 영향이다. 하지만 진리가 과학에서
발견되면 자연과 종 스펙트럼에 대한 이해가
발전한다. 진리는 발견을 위한 과학의 연장이기
때문이다.

　　　진리는 예술에서 드러나고 있다. 허깨비
같은 현대 작품들에서 걸어 나오고 있다.
여기에는 세계의 민족들에게 보내는 메시지가
담겨 있다. 메시지는 그 자체로 우리 인류의
운명을 가리키는 표지판이다. 메시지의 내용은
자연 자체가 붕괴하고 있다는 것이다. 조각조각
부서지고 변형되고 있다는 것이다. 반면에 지난
몇백 년간의 예술에서 세계정원은 우렁찬 강물과
태곳적 산봉우리의 풍경, 우람한 나무와 하나로
묘사되었다.

　　　몇십 년 전 과거의 예술에서는
어린나무들이 과거에 훼손된 영역 위로 한결같이

기울어져 있다. 낭만적인 모습의 숲은 사라졌다. 원시림의 풍경도 사라졌다. 다양성을 두르고 빛을 내뿜는 숲의 성당은 머지않아 양서류, 대형 포유류, 어류와 함께 사라질 것이다.

문명 세계는 자연의 손목에 손가락을 얹어 맥을 짚지 않았다. 인간 자체가 자연 그물망과 동떨어진 독립된 종인 것마냥 자연의 작동 패턴을 무시했다. 하지만 진실은 인간이 일개 종에 불과하며 죽음을 목전에 둔 연약한 생명의 발판 위에 서 있다는 것이다.

시간이 조금은 남아 있다. 인간이 바늘을 다시 놀려 미래를 위한 생명을 깁는 새로운 사고방식을 마련할 시간은 있다. 자연이 파괴되면 예술이 정체되고 과학의 창조성도 그 뒤를 좇을 것이다. 문명은 과거에도 여러 차례 흥망을 겪었다. 그런데 이번은 다르다. 지금 우리에게는 역사의 교훈이 있다. 우리 내면을 들여다보면서 예술에서 새 얼굴을 찾고 자연에서 또 다른 새 얼굴을 찾아보자.

앨버트 비어슈타트, '나무 사이로 난 오솔길'

Albert Bierstadt, *A Trail Through the Trees*

기후 변화에 대한 대화

우리는 옛 방식의 끝, 새 방식의 처음에 있으며
더 많은 숲을 가꿔야 한다

최근 대기 변동이 많이 관찰되었는데 전부 암울해
보인다. 환자는 고열에 시달리고 병원에는 불이
났다. 의사는 사라졌다. 그는 돌아오지 않을
것이다.

나무가 등장하기 전에도 기후는 있었다.
수천 년을 헤아리는 대규모 부침의 주기가
일반적이었다. 당시의 생명은 원핵세포였다.
어떤 것은 발전을 도모했지만 날씨가 발목을
잡았다. 탄산성 비가 문제였고 산소 부족도
골칫거리였다. 맨 처음에 이끼와 양치식물이

생겨났다. 그들이 꾸물거리는 사이 겉씨식물이
득세했다. 그러다 나무가 개체수 폭발의 무대에
찾아와 눌러앉기로 작정하고는 공기 중에서
이산화탄소를 빨아들였다. 나무는 이산화탄소를
산소로 가다듬어 대기에 돌려주었다. 인간과
그의 아기들이 무대에 발을 내디뎠다. 그들은
지구에 도달하면서 자신이 신의 선물이라고
생각했다.

　　　우리의 보금자리인 행성 지구는 세포와
매우 비슷한 생명 단위의 놀라운 특징을 모두
갖추고 있다. 계절에 따른 나름의 호흡 곡선이
있다. 탄소라고 불리는 나름의 투자 자본이
있다. 이 자본은 해양과 대기에 나뉘어 보관된다.
양은 유동적이다. 지난 2억 년간 대부분의 탄소
보유고는 살아 있는 엽록체와 화석에 저장되어
있었다. 하지만 땅속의 활발한 교환을 통해서
거래되기도 한다. 탄소 시장은 상승장일 때도
있고 하락장일 때도 있다. 모든 잉여 탄소는 충격
완화용 재무부 증권으로 여기저기 보관된다.
행성 지구의 금융 시스템은 오래되었으며 그간

성공적이었다. 금융인의 첫 번째 계명인 신중함을 토대로 삼았다. 무엇보다 아주 많은 것들이 의존하는 지속 가능한 체계로서 자리 잡았다.

최근 바닷물이 점차 따뜻해지고 팽창하고 있다. 북극 빙모氷帽가 녹고 있다. 이것은 시작에 불과하다. 빙하가 갈라져 그 속에 갇혀 있던 고대 민물 호수의 작은 바다들이 빠져나오고 있다. 해변, 강, 섬, 나라들이 물에 잠기고 있다. 하지만 이게 다가 아니다. 여기에는 날씨도 결부된다. 태양과 지구는 오랫동안 서로 영향을 주고받았다. 이것은 계절적 현상이다. 태양은 남쪽 지평선에서 올라와 북쪽 지평선으로 내려가며 우리는 이것을 봄이라고 부른다. 바다에서는 이 덕분에 먹이 플랑크톤이 생명 활동을 시작한다. 광합성이라는 중대 과업에 착수한다. 그러고는 분열한다. 개체수가 폭발적으로 증가한다. 이것들은 모두 분주한 최하위 섭식자다. 돌말, 장구말, 단세포, 다세포가 그들이다. 리본으로 성별을 표현하는 남조식물문도 있다. 모두가 같은 방법으로

태양에 반응하여 개체수가 급증한다. 이것들은
먹이사슬 밑바닥에 있다.

　　서열 앞쪽에는 언제나 누군가가 있다.
그것이 작은 갑각류다. 갑각류는 떼 지어
식사하며 수가 어마어마하게 늘어 치어의 눈길을
끈다. 치어들도 먹이 경쟁에 뛰어든다. 수생
동물은 점점 살이 오른다. 그들은 더 큰 놈에게
잡아먹히고 그보다 더 큰 놈들도 마찬가지다.
이것이 수생 동물들이 아는 삶이다.

　　지난 50년간 이 모든 것이 달라졌다.
태양은 지평선에서 떠올라 봄을 알린다.
나노플랑크톤은 광자 에너지를 받아들여 유동
엽록체를 내보낸다. 하지만 바닷물이 지나치게
과열되었다. 해수 온도가 0.9도 증가했다. 섭씨
1도에 가까운 증가 폭이다. 이 때문에 갑각류의
삶이 달라졌다. 갑각류는 온도에 의존하므로
예전 스케줄에 따라 이제 먹이를 먹고 싶어 한다.
물이 따뜻해지면 봄이 온 줄 알기 때문이다.
그래서 열흘 일찍 먹이를 찾는다. 하지만 운이
따라주지 않는다. 나노플랑크톤은 태양에만

의존하기에, 태양을 앞질러 분열하여 대량의
먹이가 되는 일은 없기 때문이다. 갑각류는
굶주리며 작은 어류도 마찬가지다. 이 여파는
큰 어류에게도 미친다. 이것을 해양 붕괴라고
부른다.

　　　그러다 비 오는 날 또 다른 일이 벌어졌다.
자동차 산업은 탄소로 저장된 화석연료에
눈독을 들였다. 자동차는 모든 화석연료를
연소의 원료로 태웠으며 이산화탄소를 대기
중에 방출했다. 이산화탄소는 대기 중에
머물렀다. 모든 숲이 벌목되어 이산화탄소 격리
공장이 해체되었기 때문이다. 아무도 이 과정을
중단시키려고 진지하게 노력하지 않았다. 탄소
저장고가 약탈당하고 있다. 이 때문에 더 많은
이산화탄소가 대기 중에 방출되고 있다. 이것을
숲 체계의 붕괴라고 부른다.

　　　하지만 어렴풋이 희망이 보인다. 사람들이
기후 변화에 대해 이야기하고 있다. 사방에서
들려온다. 대화는 헤아릴 수 없을 만큼 무수한
언어로 이루어지지만 공통된 주제가 하나 있다.

"기후 변화가 일어나고 있어. 우리가 할 수 있는 일이 뭘까?"

이 세대는 지구를 푸르게 하는 세대다. 우리는 옛 방식의 끝, 새 방식의 처음에 있다. 이번에는 사람들이 정치인들보다 한발 앞섰다. 허름한 집에서 버터 바른 빵을 먹는 평범한 사람들이 인간 무리를 새로운 목적지로 이끌려 한다. 이렇게 하는 이유는 무리가 위험에 처했기 때문이다. 이것은 생명만큼이나 오래된 집단 본능이다.

이번에는 생각의 민주주의가 작동한다. 오염은 모두에게 영향을 미친다. 아무도 무사하지 못하다. 토양을 치유해야 한다. 대기를 개선해야 한다. 스모그를 없애야 한다. 대양을 보호해야 한다. 모든 물을 정화해야 한다. 청정 에너지원은 찾을 수 있으며 찾아야 한다. 생물다양성을 유지해야 한다. 숲에 나무를 심어야 한다. 더 많은 숲을 가꿔야 한다. 그러면 새로운 날의 새벽에 나무들이 다시 미소 지으며 산소를 내뿜을 것이다.

종이의 습격

문명사회의 산업적 수요가 세계정원의 드넓은
숲을 찢어발긴다

코믹 오페라가 대유행이다. 오늘날 우리 삶의
무대에서 상연되고 있다. 무대 의상 차림의 눈 먼
사람이 나무에 올랐다. 톱을 입에 물었다. 그는
가지에 앉아 있다. 시야가 훤하다. 온 세상이
그를 본다. 가지가 흔들린다. 그가 엉덩이를
움직이고는 톱 손잡이를 고쳐 잡는다. 그는
자르고 있다. 자신을 지탱하는 가지를 자르고
있다. 이 코믹 오페라에서 그는 하늘을 날기로
되어 있었는지도 모르겠다. 어쩌면 자신이 날 수
있다고 정말로 믿고 있는지도….

우리 사회가 "영원한 지옥불로 들어가는
앵초꽃길"(셰익스피어의《맥베스》2막 3장에 나오는
문지기의 대사. 예쁘고 좋아 보이는 길이 결국은 파멸로
이끈다는 뜻.—옮긴이)의 나락으로 떨어지는 동안
우리는 종이가 필요 없어지고 있다고 말한다.
이보다 진실과 거리가 먼 주장도 없다. 설탕 한
스푼 한 스푼이 종이봉투에 담겨 있다. 음식
하나하나, 음료 하나하나도 마찬가지다. 우리는
집 밖에서, 일터에서 움직일 때마다 종이의
습격을 받는다. 매립지가 넘쳐난다. 소각 비용을
내야 하는 납세자들은 호된 대가를 치르고
있다. 소각으로 인한 미세 먼지의 검사 결과는
뿌옇다. 대기는 종이 제품에서 나온 어마어마한
나노그램 섬유로 가득하다. 기차와 대형 트럭은
새 종이와 헌 종이를 여기저기로, 도시 안팎으로,
이 나라에서 저 나라로 운반하며 짭짤한 수익을
올리고 있다. 서구 세계에서 종이 수요가
폭증하여 연간 2억 톤 이상의 펄프가 소비되고
있다. 우리가 걱정할 필요는 없다. 어차피 모든
것이 기업들의 손아귀에 고이 붙들려 있으니까.

펄프와 종이는 나무에서 온다. 나무는
숲에서 온다. 나무는 세계숲을 이룬다. 모든
나무로 펄프를 만들 수 있긴 하지만 숲의
나무가 전부 좋은 펄프목은 아니다. 종이에
쓰이는 펄프는 섬유로 이루어졌다. 이 섬유는
기다란 물관부 세포로, 포유류 순환계의 동맥과
정맥처럼 나무의 내부 순환계를 구성한다.
섬유는 이르게 생성된 물관이거나 나중에 생성된
물관인데, 이것들이 짜맞춰져 나무의 수직 배관이
된다. 다공성 목재의 단면에서 볼 수 있는 작은
구멍이 이런 배관이다. 이것을 뭉뚱그려 헤아린
것이 나무의 나이테다. 호기심 많은 아이와
열성적인 생물학자 누구나 '나이테 개수 한눈에
맞히기' 놀이를 한다.

나무는 600만 달러에 이르는
잔디깎이들에 의해 경관에서 깎여나간다. 펠러
번처feller-buncher(나무를 베는 장비의 하나로, 임목을
벌도하여 일정한 장소에 모아 쌓는다.—옮긴이)로
난도질하여 그러모으면 만신창이 통나무가 된다.
한데 모아 물에 담가 섬유를 추출한다. 섬유를

불리면 펄프가 되고 이 펄프를 탈수 과정으로 재배열하면 매끈한 종이가 된다. 품질과 평활도가 다양한 종이를 돌돌 만 두루마리는 읽고 쓸 줄 아는 문명사회의 산업적 수요를 충족한다.

나무는 가장 풍부하고 수월하고 값싼 종이 재료였다. 마치 나무가 거대한 자립적 생장 순환 속에서 자기증식이라도 하는 것처럼 세계정원의 숲이 찢어발겨졌다. 1950년대에는 지표면의 30퍼센트가 숲으로 덮여 있었지만 2005년에는 5퍼센트에 불과했다.

드넓은 북부 한대수림이 벌목되고 있다. 우리의 내일은 임종을 위해 이스터섬의 석상처럼 끌려갈 것이다.

펄프에 꼭 나무를 써야 하는 것은 아니다. 관다발 식물은 모두 펄프를 생산할 수 있다. 개중에는 더 알맞은 것도 있다. 25만 종의 식물에서 종이용 펄프를 제조할 수 있다. 애석하게도 과거 기후 변화로 인한 여러 멸종 이전에 비하면 10퍼센트밖에 남지 않았다.

관다발 식물 중에서 어떤 것은 섬유 품질이 뛰어나며 어떤 것은 섬유를 열처리로 강화하여 재활용도를 높일 수 있다. 대부분의 관다발 식물종은 과거에 북아메리카와 유럽에서 쓰였다. 그중 하나가 도시의 범죄자인 삼*Cannabis sativa*, 즉 대마초다.

몇 년 전, 척박한 토양과 북부의 매우 짧은 생장 조건에서도 매우 우수한 섬유를 생산하는 이 도시의 범죄자를 활용하려는 시도가 있었지만 별로 재미를 보지는 못했다. 이 범죄 시도는 북아메리카 동부에서 일어났는데, 이 대륙이 이 악당을 재배하는 데 이상적인 이유는 대륙의 방향 덕분에 햇볕을 듬뿍 받을 수 있는 조건이기 때문이다.

농부들은 씨앗을 얻었다. 들판을 알맞게 갈아 씨앗을 심었다. 척박한 토양에서 자라는 삼의 뛰어난 생장 특성을 사방에서 확인할 수 있었다. 삼은 하늘 높이 뻗어 올라갔다. 어느 농부가 본 것보다도 크고 훌륭하게 자랐다. 들판은 순례객으로 북적였다. 사람들은 농장의

미래와 자신의 자녀들이 살아갈 환경을 살릴
희망의 불씨를 보았다.

　　삼은 최상급 펄프 원료인 듯했다.
정부는 일제히 숨죽이고 쳐다보았다. 수확기가
다가오자 콤바인 수확기가 들판을 누비며 베기
작업을 시작했다. 하지만 어디서나 하나같이
기계에 수지가 끼었다. 수지는 정원 호스로
물을 뿌려도 씻겨 내려가지 않는다. 적절한
용제가 필요하다. 이것은 기계를 설계할 때
쉽게 반영할 수 있다. 하지만 농부는 공학자가
아니다. 비슷하지만 꼭 그렇지는 않다. 농부들은
빈털터리가 되었다. 파산한 사람이 있는가 하면
파산 직전까지 몰린 사람도 있었다. 정부는
일제히 침묵했다.

　　그렇게 코믹 오페라가 막을 내린다.
가지가 부러지기 직전이다. 무대 의상 차림의 눈
먼 사람은 아래가 아니라 위를 쳐다본다. 엉덩이
아래 나무가 부러지는 소리를 들었기 때문이다.
그는 재빨리 다시 하늘을 올려다보며 생각한다.
'나는 법을 배우기엔 너무 늦은 걸까?'

삼
Cannabis sativa

향기

세계숲은 세균, 병원성 균류, 그리고 각종
바이러스를 막는 화학적 대기 장벽을 세운다

자연의 살롱에서는 향기가 명함이다. 숲에서
향기는 수 킬로미터를 이동하는 화학적
전령이다. 높이 나는 다른 분자의 공중 지원을
받기도 한다. 접수된 향기 메시지는 건강에서
죽음, 신원 확인, 고통, 회피, 심지어 불임까지
수많은 과정을 개시할 수 있다. 향기는 천상의
내음, 중립적 냄새, 냄새 흔적, 독한 향수에서
살이 썩어가는 사체 냄새와 그 밖의 믿기지 않는
악취의 혼합물까지 여러 형태를 띤다.
　　나무를 비롯하여 향기를 생산하는 많은

식물종은 신기한 솜씨를 진화시켰다. 향기
안에는 화학물질 혼합물이 들어 있다. 상당수는
표적 종에 유익하다. 이것은 약용 향기이며
가치가 크다. 수익은 더욱 크다. 그중 하나가
파란 베르가모트*Monarda didyma*다. 북아메리카
원시림에 서식하는 토종이다. 많은 종의
나무처럼 베르가모트유를 생산하는데, 이 기름은
에어로졸로 분사된다. 이 기분 좋은 향기는
숲에서 꽃가루 농도가 높아지는 계절에 기관지
확장제처럼 허파를 열어준다. 달콤한 향기가
나는 이 토착 식물은 허파를 깨끗하고 건강하게
유지한다. 약초다.

　　　향기와 냄새는 작용 방식이 모두 같다.
방출되는 화학물질은 풍선처럼 공중으로
떠오른다. 무게는 가벼울 수도 있고 무거울 수도
있다. 가벼우면 바람을 타고 날아간다. 무거우면
멀리 가지 못한다. 이 화학물질이 독특한
이유는 방출되면서 특성이나 화학적 정체성이
달라지고 자신의 일부를 뒤에 남겨두기 때문이다.
날아가는 조각은 에어로졸이라고 불리며 빠르게

움직이고 퍼진다. 에어로졸에 담긴 향기나 냄새는 명함이 되어 수취인에게 실제 메시지를 전달한다. 거의 예외 없이 중요한 약이다.

향기의 화학물질은 유기화학물질이다. 나무에서 생화학 반응의 일환으로 방출된다. 이 반응은 온도에 좌우된다. 겨울에는 속도가 느려져 멈추다시피 한다. 봄과 여름에 기온이 올라가면 반응 속도와 횟수가 증가한다. 이것이 봄 내음이다.

나무는 키가 크기 때문에 화학적 소통에 매우 능하다. 나무는 큰 키 덕분에 화학물질을 숲 곳곳의 공기 길과 통로, 그 위의 대기에 퍼뜨리거나 주입하는 데 유리하다. 숲에서 나온 에어로졸은 우듬지의 화학 작용을 통해 방출되는데, 꽃에서 나올 때도 있고 추가적 꽃꿀이나 수지구에서 나올 때도 있다. 향기는 주로 샘 조직이라는 특수 기관에 들어 있다. 샘은 미세한 조직이며 그 자체로 하나의 세계다. 잎에 있으며 때로는 잎에 붙은 잎자루에도 있다. 어린 가지 끄트머리와 견과나 열매의 겉껍질, 이따금 열매 자체에도 있어서 향미를 풍긴다.

　　냄새샘은 대개 트리코마trichoma라는
가는 털로 이루어졌다. 언제나 표면에서
발견되며 이 때문에 나뭇잎은 밀림의 축소판을
닮았다. 이 털은 부비 트랩 역할을 한다. 가지
끄트머리가 손상되면 향기가 방출된다. 다른
냄새샘은 둥글다. 내압 체계가 장착되어 있어서
지뢰처럼 폭발한다. 오렌지의 껍질은 이런 지뢰로
가득하다. 오렌지 껍질의 향기와 분무에는
오렌지 냄새가 들어 있다. 이것은 식물 독소
작용제로, 털짐승이 베어 물거나 껍질을 벗기지
못하게 한다. 대부분의 새도 같은 이유로 오렌지
근처에 얼씬하지 않는다.

　　숲의 향기 중에서 더 친숙한 것은
소나무속Pinus 종의 향기다. 전 세계 요양
온천에서 이 나무들을 쓰는 것은 이런 까닭이다.
숨 막히는 여름 오후에 소나무가 방출하는
냄새는 땅에서 감지된다. 이 냄새는 다양한
피노실빈pinosylvin 에스테르ester(산과 알코올이
작용하여 탈수 반응을 일으켜 생긴 화합물.-옮긴이)의

약용 혼합물이다. 이것을 비롯한 에어로졸은
정말로 오래된 소나무 약전藥典에 나온다.
피노실빈은 천연 항생제다. 에스테르 형태로
방출되면 숲에서 호흡 과정 자체에 자극 효과를
가한다. 약한 마취 효과도 있다. 이 에어로졸은
인체에 마취 효과가 있으며 이완을 가져다준다.
소나무 숲은 공기 분사기와 같아서, 세계정원
어디에서나 대기를 정화하고 수면을 유도한다.
다른 나무도 비슷한 작용을 한다. 일반적으로
세계숲은 움직이는 공기 덩어리에 항바이러스
작용과 항균 작용을 한다.

　　　　반대 작용을 하는 나무도 있다. 그들은
죽음을 솜씨 좋게 활용한다. 사시나무속*Populus*에
속한 종들이다. 땅 위 뿌리가 뜯기거나 껍질이
떨어져 나가면 에어로졸 경보를 울린다.
그러면 고등 균류인 자낭균이 출동한다.
일부 균류는 생식 기관이 있는데, 완전히
발기한 남성의 음경과 똑같이 생겼다. 이름은
말뚝버섯*Phallus*이다. 우뚝 선 말뚝버섯에서는
형언할 수 없는 고약한 냄새가 난다. 머리가

지끈거린다. 특히 아침 시간이면 분홍색 말뚝버섯 주위로 이 냄새가 감돈다.

코를 찌르는 이 냄새는 죽음과 부패의 화학적 메시지를 퍼뜨린다. 살이 썩는 냄새다. 이윽고 장의사 딱정벌레들이 현장에 당도한다. 우중충하게 검은색으로 차려입었다. 겉뼈대에서 윤이 난다. 딱정벌레들은 말뚝버섯 사체를 먹는 작업에 돌입한다. 이 과정에서 나무의 드러난 흰 살을 깨끗이 핥는다. 침착한 수술로 나무는 상처를 회복한다. 행렬이 이어지고 숲의 냄새는 더 좋아지고 고약해진다. 하루면 충분하다. 세상에는 더 효과적인 방법들이 있는 법이다.

유럽사시나무

Populus tremula

섞어짓기

**섞어짓기는 식량 생산 문제를 해결할 뿐 아니라
해양 생물도 살린다**

섞어짓기는 언덕만큼 오래됐다. 세계정원에서
섞어짓기는 여러 얼굴을 하고 있다.

아일랜드에는 건초지를 영구적으로 쓰는
영속농업permaculture이 있었다. 건초지에서는
여러해살이풀과 토착 풀을 재배했는데, 단백질
비율이 딱 알맞은 7월에 수확했다. 그러고는
같은 땅에서 두 번째 수확을 했다. 이 작물은
가장자리에서 자랐다. 유럽개암나무*Corylus
avellana*라는 견과목이다. 커다란 초록색 견과를
건초 수레에 담았다. 세 번째 수확물은 같은

땅에서 자라는 버드나무였다. 가지를 잘라
말리고 손질했다. 이걸로 바구니를 짜서 알 낳는
가금의 둥지로 썼다. 시장에 내다 팔 달걀도
넣었다.

중세 영국에서는 그루베기(나무를
그루터기만 남기고 자른 뒤 다시 자라게 하는 삼림
관리법으로, 대개 '코피싱coppicing'이라고 부르지만
여기서는 우리말을 조합한 작명을 사용했다.—옮긴이)가
성행했다. 숲을 7년 주기로 그루베기하여 외벽을
짓는 데 필요한 숯과 윗가지를 장만했다. 외벽은
오래된 건축법으로, 목골木骨에 나뭇가지를 대고
진흙을 발랐다. 숲은 먹이를 찾는 돼지 떼에게
도토리를 공급했으며, 소림의 많은 여러해살이
초본 식물은 7년 주기로 성쇠를 거듭했다. 토종
나무딸기인 야생딸기*Fragaria vesca*는 불행하게도
산적의 별미였는데, 유럽의 부자와 유명인의
부엌에서는 값비싼 먹거리였다. 야생딸기는 귀한
작물이었다.

과거 북아메리카 토착민들은 섞어짓기를
실시했다. 한 가지 형태는 물론 정교한

사바나로, 기발한 단순함 면에서 타의 추종을
불허했다. 이 드넓은 초원에는 먹을 수 있는
견과와 레이스처럼 예쁜 우듬지가 있었다.
동물 단백질 못지않은 식물 단백질이 대륙을
먹여 살렸다. 그곳에는 독특한 부족적 소유권
개념이 있었다. 나무는 확고한 민주적 방법으로
관리되었다. 견과를 내는 나무는 소유자와
땅임자가 따로였다. 이 덕분에 가치들이 서로
얽혔는데, 둘의 공통분모는 신성한 약속에 따른
책임이었다. 퍼스트 네이션First Nations(북극 지방을
제외한 지역에 거주한 캐나다 원주민.—옮긴이) 부족들
사이에서 약탈이 벌어지긴 했어도 대체로는
그랬다. 책임은 오늘날 북아메리카 토착민들에게
여전히 정신적 지주다.

　　햇빛과 온난한 기후에 민물 수원까지
갖춘 전 세계 온대 지방에서는 무척 특이한
섞어짓기 방식이 생겨났다. 이 지식은 고대
일본에서 아프리카 차드와 멕시코시티 도심까지
세계정원 곳곳에 두루 퍼져 있었다. 물에서는
고기를 잡아 팔았다. 여름 기온이 절정에 이르면

미세 남조류 스피룰리나*Spirulina*가 번성했다. 이 작은 청록색 세포 리본은 질소가 풍부한 거대한 덩어리로 증식했다. 톡 쏘는 냄새가 나는 이 혼합물을 여름에 뜰채로 떠서 햇볕에 말렸다. 그러고서 아욱과 식물에서 추출한 토종 식물성 레닛rennet 효소를 넣어 응고시켰다. 그다음에 맛있는 빵을 구웠는데, 가장 향기로운 치즈의 맛과 향이 났다.

섞어짓기는 지구 온난화와 청정하고 건강에 좋은 고품질 단백질 수요와 더불어 부상하고 있다. 사바나 설계는 식량 생산의 많은 문제를 해결한다. 북아메리카의 어느 농장에든 쉽게 적용할 수 있다. 다양한 토종 나무를 활용할 수도 있다. 이 식용 나무들은 따로 재배할 수도 있고 토지의 단백질 생산 능력을 배가하기 위해 보완적으로 재배할 수도 있다. 농부는 틀림없이 순수익을 거둘 수 있다.

메마른 땅에서는 콩과 질소고정 나무를 기를 수 있다. 그중 하나가 주엽나무*Gleditsia triacanthos*다. 주엽나무에는 당이 풍부한

품종이 많다. 과거에는 열매를 북동부의
들소에게 먹여 송아지를 위한 젖이 충분히 돌게
했다. 콩꼬투리는 양 사료와 낙농장 사료로
수확했으며, 누에콩만 한 씨앗의 수분을
제거하면 단백질과 비타민이 풍부한 가루를 얻을
수 있었다. 이 가루는 다른 제빵용 가루와 잘
섞인다.

　　호두나무과는 생장력 면에서 옥수수와
맞먹는다. 흑호두나무, 백호두나무, 그 밖의
근연종 품종은 채식주의자와 상업적 시장을
위한 견과육을 생산하며, 히커리류, 특히
섀그바크히커리, 킹넛, 피칸도 마찬가지다.
히커리류는 빼어난 현지 품종과 교잡종이 있으며
일부는 견과가 매우 커서 시장 수요가 증가하고
있다. 많은 미국참나무와 북아메리카 서부 토종
소나무도 견과가 훌륭하다. 견과육에는 필수
지방산이 풍부하다. 이 또한 농부의 지갑을
두둑하게 해준다.

　　섞어짓기가 농부에게 이로운 점은 또 있다.
어떤 밭에든 근처에 나무를 심으면 작물의 교잡

수분을 해줄 야생 토종벌이 찾아온다. 벌에게는
다양한 꽃가루와 목랍이 필요한데, 나무가 그
역할을 해주기 때문이다. 많은 밭작물은 씨앗의
교잡을 통해 활력을 얻으려면 혼합된 꽃가루를
주입받아야 한다. 이렇게 하면 씨앗이 커지고
수확량이 증가한다. 과학자들의 추산에 따르면
이런 야생 꽃가루받이를 통해 농작물 생산량이
평균 약 20퍼센트 증가할 것이다.

　　게다가 섞어짓기는 물 유실에 제동을
걸어준다. 다공성 토양에서는 물이 빠져나가기
쉽지만, (살아 있는 나무의 코와 입에 해당하는)
기공에서 일어나는 증산과 증발이 물을 수증기
형태로 공기 중에 배출한다. 이런 환경에서는
수소와 산소 사이에 작용하는 정전기
인력인 판데르발스 힘이 지하수를 제자리에
붙들어두기에 대수층을 안정시켜 일종의
물기둥처럼 만든다. 이렇게 만들어진 물기둥은
지표수로 유출될 가능성이 적다. 영양 물질이
많은 지표수가 바다에 유출되면 빈산소 수괴가
형성되는데, 이런 빈산소 수괴가 무서운 속도로

증가하고 있다. 생명을 떠받칠 만큼 충분한
산소가 없는 수역이 바로 빈산소 수괴다. 그곳의
물고기와 해양 포유류는 죽는다. 살아 있는 우리
바다의 새로운 무덤이다.

야생딸기

Fragaria vesca

유럽개암나무

Corylus avellana

"빛이 있으라"

햇빛을 받아들이는 나뭇잎 하나의 놀라운
솜씨는 그 어떤 과학도 흉내 내지 못한다

태양에는 단순함이 있다. 태양은 황금빛
원반이다. 하늘에 떠 있어서 모든 눈이 볼 수
있다. 태양은 빛 에너지를 만들어낸다. 이 빛
에너지는 우리 지구의 모든 곳에서, 또는 거의
모든 곳에서 사람과 식물이 받아들여 이용한다.
태양은 시간의 목걸이 구슬을 하루하루 헤아리며
우리의 삶을 다스린다.

　　햇빛 자체에도 단순함이 있는 듯하다.
햇빛은 완벽한 직선으로 내려온다. 먼지 자욱한
방에 비쳐 들어와 먼지 티끌을 빛살 속에

붙들어둔다. 이 빛의 선은 세상을 밝힌다. 땅에 시점을 부여하며, 심지어 그늘의 부재에도 의미를 부여한다. 이 빛은 동식물의 몸에서 반짝거리며 광수용체라는 특수 기관을 통해 흡수된다.

광수용체는 (아마도) 균류를 제외한 모든 식물에서 볼 수 있다. 포유류와 인간에서는 색소가 함유된 눈의 망막에서 볼 수 있다. 포유류 광수용체는 빛스펙트럼의 짧은 파장을 탐지하며 대부분 빛을 포획하는 데 더 효과적이다. 나비, 꿀벌, 말벌wasp 같은 곤충은 보이지 않는 색깔을 탐지한다. 많은 곤충은 한발 더 나아가 편광을 읽어낼 수 있다. 보송보송한 초록색 잎살과 신기한 색소를 가진 식물은 인간이 볼 수 없는 영역을 비롯한 전체 빛스펙트럼을 읽어낸다.

식물의 세계에서 광수용체는 대부분 초록 잎이다. 해가 짧아지는 가을에 나타나는 색깔의 범위에 해당하는 광수용체도 있다. 햇빛은 바닷물에도 비쳐 보인다. 해수면 위나 근처에 있는 초록색 해양 식물 세계는 내리쬐는 햇빛을 고스란히 받는다. 식물이 생명 활동을 위해

바닷속 깊은 곳으로 들어가면서 절실히 필요한
빛을 증폭하려면 가을의 색깔이 필요해진다.
그래서 초록색 종에 뒤이어 어느 정도 깊은
물속에서도 살 수 있는 갈색 조류가 나타난다.
그다음은 황색, 마지막은 붉은색 조류다. 이
조류는 더 깊은 곳에 서식하며 캄캄한 물속
보금자리에서 햇빛을 붙잡아 증폭하는 재간이
뛰어나다.

눈은 포유류와 인간에게서 한 쌍의
광수용체 역할을 한다. 인체에서 유일하게 갈색,
녹색, 청색의 진짜 색깔을 볼 수 있는 부위이기도
하다. 눈은 햇빛을 받아 기록한 메시지의 의미를
뇌에 전달하도록 구성되어 있다.

고양이 같은 동물의 눈은 빛에 적응하는
능력이 뛰어나다. 포유류와 인간에게는 효소에
기반한 또 다른 광수용 체계도 있다. 이 체계는
플래시 불빛 같은 좁은 빛스펙트럼이 번득이면
활성화된다. 이것은 인간에게서 가장 중요한 뇌
조절 인자로 꼽힌다.

식물에도 이 체계가 있는데, 조절 기능이

별반 다르지 않다. 하지만 동물과 식물 둘 다 이 효소 수용 체계를 조절하는 것은 태양으로, 낮과 밤의 활동일 주기(하루를 주기로 하여 나타나는 생물 활동이나 이동의 변화 현상.-옮긴이)를 이룬다. 열대 북부와 남부에서 낮 길이가 짧아졌다 길어졌다 할 때에도 이 체계가 작동하는 것을 볼 수 있다.

햇빛은 펄스pulse 형태로도 이동한다. 이 펄스는 밀려드는 파도와 같은 사인파sine wave(파형이 삼각 사인 함수인 주기파. 선형일 때에는 단순 조화 운동, 회전할 때에는 등속 원운동에 해당한다.-옮긴이)다. 직선 움직임과 펄스가 둘 다 들어 있다.

이런 움직임 패턴을 지닌 햇빛은 식물에서 대기하고 있던 볼타 전지를 충전한다. 이 볼타 전지는 방향족 중합체의 기다란 사슬로 이루어졌다. 각 중합체 단위에는 여분의 전자가 있다. 이 전자를 파이 전자pye electron라고 부른다. 자신의 궤도함수orbital(원자, 분자, 결정 속의 전자나 원자핵 속의 핵자 따위의 양자 역학적인 분포 상태를 이르는 말.-옮긴이) 보금자리에서는

어디로든 갈 수 있다. 이 전자는 발화되면
에너지를 방출하는데, 이 에너지는 연쇄 작용을
거쳐 일에 쓰인다. 이것은 전자 공명이라고
불리며 활동일 주기를 따르는 모든 생체 시계의
바탕이다. 에너지로 가득 찬 채 이동하는 빛
사인파는 파도와 마찬가지로 분자 경로에, 특히
공명하는 중합체에 저마다 다른 영향을 미친다.

　　　나무는 햇빛 광수용을 완벽하게 다듬었다.
그 덕에 지구상에서 가장 특별한 종이 되었다.
나무는 햇빛을 대량으로 받아들여 이 에너지를
열역학 반응으로 전환한다. 나뭇잎 하나의
놀라운 솜씨를 흉내 낼 수 있는 과학은 어디에도
없다. 나무에는 독특한 전체론적 화학 작용이
있다. 매우 긴 중합체 사슬로 연결된 방향족
탄화수소가 전체 뼈대 구조를 이룬다. 그래서
나무는 몸 전체가 광수용체다. 중합체의 방향족
구조는 전자의 에너지를 흡수한다. 광자로서
유입되는 전자는 평범한 전자와 결합하여
에너지를 더한다. 나무는 이 여분의 에너지를
생장에 투입한다. 이에 더해 나무 속의 중합체는

분자가 세로로 길게 배열된 원기둥 모양 구조를
이루기도 한다. 이런 배열을 통과하는 햇빛은
일반적인 빛이 레이저 형태로 에너지를 띠는
것과 비슷하게 양자 상태를 건너뛸 수 있다.
나무가 생장에 이용하는 자연적 전자 포획
체계는 에너지가 바닥나고 있는 인류에게 뜻밖의
선물을 가져다줄 수 있다. 최근 물리학에서
발전한 보스-아인슈타인 방정식은 빛 에너지의
가소성plasticity을 입증했다. 빛 에너지가 서로
다른 상태로 이동하여 다양한 레이저 광선으로
에너지를 생성할 수 있다는 것이다. 나무에
존재하는 화학 작용 패턴에서 이런 체계를
복제할 수 있을지도 모른다. 첨단 물리학과
중합체를 이렇게 조합하면 지구에 동력을 공급할
수 있을 것이다.

　　햇빛이 단순하긴 하지만 물이 그렇듯
완전히 이해되지는 않았다. 최근 새로운 이종異種
조화가 존재한다는 사실이 밝혀졌다. 햇빛의
광자 하나는 물질의 원자 하나에 대해 반응할 수
있다. 어떤 물질이든 상관없다. 광자와 원자가

결합하면 하이브리드 인공 원자가 생성된다. 이
잡종 원자는 다른 광자를 받아들일 수 있지만,
이번에는 고에너지 마이크로파다. 이 조합은
여분의 에너지를 가진 광자의 형태로 에너지를
전달한다. 이 에너지는 포획할 수 있다. 나무는
오래전부터 이 일을 해왔는지도 모른다.

　　세계숲의 나무는 태양의 단순함을
받아안는다. 나무는 탄소의 주 공급원을 붙드는
열역학적 과정에서 식량을 만든다. 이 과정을
우리는 이해하지 못한다. 그럼에도 우리는
멍청하게 나무를 베어버리고 있다.

성스러운 나무

**영혼의 가치를 지닌 나무들은 숨겨진 세계의
풍경을 보여준다**

세계정원의 어떤 나무는 성스러운 나무로
대접받는다. 깊은 존경심이 이 나무들의 모습을
풍경에 새겼다. 이 성스러운 사건들은 인류
시대가 출발한 이래 계속 일어나고 있다.

성스러운 나무는 침묵 속에 메시지를 담고
있다. 그것은 들을 수 있는 의식의 흐름이다.
미술가의 고요, 작곡가의 음표 안에 있는 정적과
다르지 않다. 인간의 영역 밖에 있는 장엄한
것과의 공감이요, 시간을 초월하여 골수로
파고드는 음성이다.

성스러운 나무는 스승이다. 마음속에
들어와 기억의 구절 속에서 선율이 된다.
성스러운 나무는 숨겨진 세계의 풍경이다. 물리적
인간의 입장을 허락하지 않는 세계, 보이지
않는 것만이 들어갈 수 있는 세계다. 마음이,
명상을 통한 마음의 열매가 이 나무에 흘러들고
흘러나온다. 성스러운 나무가 과거에 성스러웠고
지금도 성스러운 것은 이런 까닭이다.

참나무an Dair는 드루이드교에서 성스러운
나무다. 참나무는 말을 할 수 있었고 번개를
통해 하늘과 소통할 수 있었다고 전해진다.
드루이드교 사제들은 참나무를 통해 하늘을
다스릴 수 있다고 믿었다. 그들은 아일랜드
킬데어Kildare 같은 성스러운 숲에서 놀라운
묘기를 부렸다. 고대 의식이 벌어지던 이런
장소는 지금도 그 이름에 풍성한 의미가
담겼다. 이름은 그 자체로 시간의 안개를 뚫고
온다. 킬데어는 아주 오래된 아일랜드어로,
두 개의 낱말로 이루어졌다. '킬Kil'은 교회나
성스러운 땅을 뜻하는 'cill'에서 왔고 '데어'는

참나무를 뜻하는 'dair'이자 오검 문자의 두
번째 글자이기도 하다. 오검 문자는 5세기
아일랜드어 알파벳이다. 스무 개의 글자를
모음은 새김 방식으로, 자음은 선으로 나타냈다.
나직한 말을 옮긴 이 일일 전보는 고대 아일랜드
전역에서 돌조각에 새겨져 그날의 운수와 과거의
소식을 알렸다. 성스러운 장소의 이름은 그렇게
살아남았다.

　　　붓다가 성스러운 깨달음을 처음 얻은
장소는 피팔라pippala라고 불리는 커다란
인도보리수*Ficus religiosa* 아래였다. 윤기
나는 진녹색 잎과 낭창낭창한 줄기, 해마다
맺히는 맛있는 초록색 보리수 열매를 가진 이
나무로부터 놀랍도록 온화한 종교가 탄생했다.
이 나무의 연한 어린잎pallava은 익혀서 먹는다.
인도보리수는 인도에서 가장 오래된 성스러운
식물이다. 많은 인도인에게는 식물의 제왕이다.

　　　캘리포니아의 저명한 체로키족
족장이자 학자인 세쿼이아는 자신의
이름을 딴 미국삼나무*Sequoia sempervirens*와

거삼나무*Sequoiadendron giganteum*로 기억된다.

존 뮤어는 거삼나무를 "전 세계 바늘잎나무의
제왕"이라고 불렀다. 이 나무들은 북극에까지
번성한 고대 수종의 후손이다. 세쿼이아는
그리스도 생전으로 거슬러 올라가는 역사의
마지막 초록색 끈이다. 초록색 우듬지를
파란 하늘에 펼치면서 그 이야기를 높이높이
간직하고 있는 듯하다. 이 나무들은 지각
능력을 목격하는 모든 사람과 성스러운 관계를
맺는다. 세쿼이아는 아직까지도 현대 세계의 여러
지역에서 성스러운 나무다.

　　세쿼이아의 또 다른 친척도 이름을 알렸다.
약 50년 전에 죽은 자 가운데서 살아났다. 이
나무는 중국 쓰촨성 동부에 있는 마을 사찰
정원에서 자라고 있다. 잃어버린 줄 알았던 이
친척은 살아 있는 성스러운 화석으로, 300만
년 전 북아메리카와 유럽에서 무성하게 자랐다.
이 성스러운 나무는 메타세쿼이아*Metasequoia
glyptostroboides*로 밝혀졌다. 소박한 마을
주민들에게 수백 년간 성스러운 존재로 숭배받은

덕에 멸종하지 않고 살아남았다.

북아메리카에는 전설 속 성스러운 나무가
있다. 이 나무들은 시간이 흐르면서 자연스럽게
솟아올라 인상적인 특징을 발현하여 성스러운
나무가 되었다. 토착민의 꿈에서 비롯한 예언의
목걸이가 나무에 드리워졌다. 어찌나 신통력이
있는 꿈이었던지 자연을 존경하는 문화를
빚어냈다. 많은 나무는 황금색이었으며 학명에
'아우레아*aurea*'가 붙었다(라틴어로 '황금'을
뜻한다.-옮긴이). 일종의 알비노 나무로, 초록
세계의 일반적인 규칙을 거슬렀다. 이런 나무는
유전적 돌연변이로서 생겨난다. 특이하고
희귀하다. 토착민들은 성스러운 나무로
떠받들었다. 이 나무들에는 미래 삶의 징조가
담겨 있다.

퍼스트 네이션에게도 성스러운 나무가
있다. 바로 홉트리*Ptelea trifoliata*다. 이 인상적인
나무는 운향과(쌍떡잎식물 갈래꽃류의 한 과.
귤나무, 유자나무 등이 있다.-옮긴이)에 속한다.
어떤 이유에서인지 북아메리카에서 마지막

빙기를 이겨냈다. 평균의 법칙에 따르면 이
나무는 얼음과 추위 때문에 사라졌어야
마땅하다. 하지만 웬일인지 살아남았다. 영국
토지허여법(정부가 기업이나 개인에게 토지를 임대하여
개발하게 한 법안.—옮긴이)으로 인한 숲 파괴도 헤쳐
나왔지만 지금은 지독한 무지와 벌목 때문에
멸종 위기에 처했다.

홉트리가 성스러운 나무인 이유는 약효가
뛰어나기 때문이다. 홉트리는 약을 머금고 있는
나무다. 이런 나무는 화학물질 보물 상자를
가지고 있다. 이 화학물질은 생명의 한계
상황에서 탄생했기에 기막힌 일을 해낸다. 주요
장기의 기초 대사율을 재조절하여 정상적이고
건강한 상태로 회복할 수 있다. 홉트리에 들어
있는 마르메신marmesin이라는 생화학물질은
목말처럼 행동한다. 아스피린에서 화학 요법제에
이르는 약들과 함께 쓰면 상승 작용을 일으켜
활성과 반응성을 높인다. 홉트리는 이것 말고도
수천 년간 토착 문화에서 수많은 쓰임새가
있었다.

소비 사회에는 성스러운 나무와 성스러운 것의 자리가 없다. 그들이 밀려난 까닭은 금전적 가치가 없기 때문이다. 그들의 가치는 보이지 않는 영혼의 가치이며 영원토록 소중히 간직해야 한다.

메타세쿼이아

Metasequoia glyptostroboides

숲의 식량

**천연 식품의 공급원이던 나무들이 베어지고
멸종되고 망각되고 있다**

표어를 다시 생각한다. "농부가 없으면 식량이
없고 식량이 없으면 미래도 없다"라는 표어다.
소박한 나무 팻말로, 지구의 모든 도로변에서
볼 수 있어야 마땅하다. 농부들이 고역을 겪고
있다. 손에 흙을 묻히는 사람들이 생산물의
대가를 받지 못하고 있다. 농업은 천직에서
산업으로 바뀌었다. 우리는 산업적으로 생산된
식품을 먹고 있다. 제철 음식은 간편 음식에 밀려
식단에서 사라졌다.

행성 지구는 지속 가능한 단위다. 대기는

유리그릇처럼 지구를 화학적으로 둘러싸고 있다.
태양의 광자는 그 대기를 뚫고 들어온다. 이것이
뭇 생명의 토대다. 우리가 아는 생명은 살아 있는
생물의 거대한 패턴으로 서로 연결되어 있다.
생물의 죽음은 그 단순한 생명의 지속 가능한
횡격막에 또 다른 생기를 불어넣는다. '받은 만큼
돌려준다'는 고대 현인의 신조였다.

세계정원은 우리에게 식량을 공급한다.
식량의 종류는 지역마다 다르다. 어떤 지역에서는
볏과 풀이다. 커다란 배젖(씨앗 속에서 발아하기
위한 양분을 저장하고 있는 조직.─옮긴이)을 가진 이
곡물은 오랜 시간에 걸쳐 공들여 재배되었다.
다른 지역에서 먹는 야생의 덩이줄기나
뿌리줄기는 복합전분과 복합당이 가득하다.
감자와 얌이 이런 뿌리다. 카사바*Manihot
esculenta*에서는 타피오카 녹말을 얻는다. 그런가
하면 사과, 오렌지, 배, 견과처럼 나무에서 나는
식량도 많다. 세계정원은 모두 합쳐 무려 8만
종이나 되는 식물을 식량으로 내어준다.

하지만 산업적 식품 재벌의 시선은 20종의

식물에 고정되어 있다. 이 식물들이 최근 우리의 지구적 식량 공급원이 되었다. 간편 음식이 유행하면서 가짓수가 더 줄었다. 8만 가지 가능성 중에서 여덟 종의 식물만 남았다. 전 세계가 단 여덟 종의 작물에 어깨를 기대고 있다. 나머지 7만 9992종에 대한 구전 지식은 빠르게 사라지고 있다. 미래 세대는 이 식물을 어떻게 먹어야 하는지 알지 못할 것이다.

유명한 여덟 가지 작물은 밀, 벼, 옥수수, 감자, 보리, 카사바, 고구마, 콩이다. 이것들은 압착되고 분쇄된다. 판매용으로 포장되고 치장된다. 채색되고 변형된다. 산업적 시장의 발톱을 위해 꾸며진다. 진짜 영양소를 모조리 잃어버린 채, 첨가당, 소금, 지방을 갈망하는 사람들에게 강제로 투입된다. 변형된 식품은 너무 쉽게 소화되어 인체에 독성 반응을 일으킨다.

세계숲에서 나온 식품은 도시화 경쟁에서 잊혔다. 한때 세계의 구황목으로 불린 나무들이 무시당하고 설상가상으로 망각되고 있다. 많은 나무가 베어지고 어떤 것은 멸종에 이른다.

열매와 견과에 함유된 고품질 단백질은 참된
건강을 위한 인체 구성 성분인 필수 아미노산으로
가득하다. 신경 기능, 두뇌 형성, 성숙에 필요한
세 가지 필수 지방산이 들어 있다. 견과와 열매에
들어 있는 복합당은 숲의 식량 안에 더 단단히
포장되도록 중합체 형태를 띠기도 한다.

　　세계숲의 모든 천연 식품은 서로 얽힌
복합 분자다. 엉킨 사슬은 소화 과정에서 천천히
풀린다. 식물의 당은 췌장에 무리를 주지 않는다.
인슐린 호르몬이 체내 표적 부위에 더 느리고
조심스럽게 작용하도록 한다. 숲의 식량은
인체를 당뇨병으로부터 지켜준다. 심장을
튼튼하게 하며 뇌에 활력을 불어넣는다.

　　세계숲은 과거에 이 식량들을 공급했다.
다시 공급할 수도 있다. 호두나무, 참나무,
소나무, 콩과 나무, 은행나무, 뽕나무, 장미나무,
너도밤나무, 포포나무처럼 식량을 생산하는
나무들은 유전적으로 변형되지 않았으며
바라건대 앞으로도 결코 변형되지 않을 것이다.
하지만 자연 교잡을 위해 체계적으로 탐구되고

선별되지는 않았다. 교잡종은 더 크고 우수한 견과와 열매를 더 많이 낼 것이다. 과거에는 새 형질을 지닌 유전적 싹이 이따금 나타나면 주목을 받았으며 심지어 보전되기도 했다. 하지만 현재 이 나무들은 대부분 무시당하고 있으며 설상가상으로 무지 때문에 사라지고 있다. 이 나무들을 온전히 보유한 식물원이나 수목원은 전 세계 어디에도 없다. 이 나무들을 철저히 보호하기 위한 자금과 의지도 전혀 찾아볼 수 없다.

농부의 표어는 유명한 여덟 가지 작물의 미래에도 영향을 미친다. 카사바를 제외한 나머지 일곱 종에는 아킬레스건이 있다. 과거에는 문제 없었지만 지금은 위협받고 있다. 그것은 개방적인 수정 과정이다. 기후 변화로 인해 기온과 자외선량이 증가하면 수정이 힘들어진다. 햇볕이 강하면 생장이 촉진되지만 겉으로 드러난 웅성雄性(수컷의 성질.—옮긴이) 생식 구조가 손상된다. 이들 일곱 종은 해마다 꽃가루받이에 성공해야 하며 웅성 유전자를 전달하려면 생식

세포가 있어야 한다. 이 세포는 웅성 싹 DNA가 통과하는 대롱이 된다. 대롱은 창문 두께로 늘어나고 이곳을 통해 햇볕이 비쳐 든다. 이렇게 노출된 상황에서는 DNA가 손상된다. 미래의 배우자를 향해 절름절름 걸어간다. 작물의 영웅담은 자신의 결말을 치켜들고 있다.

농부의 표어는 이렇게 줄일 수 있을 것이다. "식량이 없으면 미래도 없다." 끝.

검은뽕나무

Morus nigra

생울타리 천국

**생명의 통로이자 상징인 생울타리는 숲의
다양성과 균형을 유지한다**

생울타리는 숲의 살아 있는 '이어짐'이다. 어떤
때에는 숲에서 남은 모든 것이며, 주변 토착
식물에게 들어오라고 손짓하는 나무 그루터기의
희미한 흔적이다. 또 어떤 때에는 빙하가
마지막 방문 때 그러모은 바위와 돌멩이로,
다시 돌아온 나무와 떨기나무 사이에서 천천히
풍화되고 있다. 북아메리카에서는 이런 곳을
울타리땅fencerow이라고 부른다. 아메리카의
울타리땅은 이 낱말과 쓰임이 탄생한 본거지인
영국보다 많다. 본디 트라우즈trouse라고

불리는 베어낸 산사나무 생 그루터기,
이서ether라고 불리는 길고 낭창낭창한 작대기로
만드는 예술 형태를 뜻한다. 예나 지금이나
헤이워드hayward라는 관리인이 이 과정을
담당한다.

　　　생울타리는 밭의 경계로 확장되어 동일한
역할을 하는 생명의 통로다. 농사짓는 곳이라면
어디서나 생울타리를 볼 수 있다. 밭은 작고
오밀조밀할 수도 있고 현대 농업 추세처럼
드넓은 땅덩어리에 걸쳐 있을 수도 있다.
생울타리는 대단한 아름다움을 간직하며, 이
조붓한 장소에서 처음 꽃을 꺾은 어린아이에게는
배움을 선사한다. 식량 다양성 면에서는 습지,
목초지, 연결 숲과 어깨를 나란히 한다.

　　　대륙 표면에서 생울타리의 중요성은 매우
크다. 이주하는 철새, 나비, 날개가 큰 날짐승
등은 봄과 가을에 이곳을 찾아 휴식하고 깃털을
손질하고 먹이를 구한다. 생울타리는 키가 커서
포식자가 몸을 숨길 수 있고 새들이 안전하게
둥지를 틀 수 있다.

생울타리를 이루는 일반적 식물 개체군은 여러 대륙에서 근연종으로 나타난다. 이런 장소에는 풀, 사초(벼목의 식물. 갈대와 같이 젖은 땅 주변에서 자란다.–옮긴이), 기는줄기 식물이 무성하다. 이끼, 우산이끼, 균류가 다양한 현지 양치식물과 어우러진다. 이곳의 한해살이 식물 중에는 응달을 좋아하는 것도 있고 양달을 좋아하는 것도 있다. 두해살이 식물도 찾아볼 수 있다. 억센 팔방미인 여러해살이 식물도 풍성하다. 온갖 늘푸른나무와 갈잎나무도 생울타리에서 자란다.

생울타리의 식물들에는 종마다 약 40종의 곤충이 깃들어 있다. 이것이 생울타리의 생물다양성이다. 곤충종은 대부분 익충이다. 이 곤충들은 새와 나비에 이르는 토종 생물을 번성하게 한다. 크고 작은 여러 포유류가 이 풍요의 지대에 발을 들이며 맹금류도 날아든다. 생물다양성의 이 교향곡은 해마다 단작이 이루어지는 밭에서 포식자와 피식자의 균형을 맞춰주기도 한다.

수십 년 전부터 농부의 삶에서 다른 일이 벌어지기 시작했다. 그는 한 뙈기도 버려두지 않고 작물을 심었다. 식량 가격이 낮았기에 농부는 적은 투입으로 많은 소출을 내야 했다. 이런 빠듯한 상황 때문에 농장에서는 생울타리를 없앨 수밖에 없었다. 북아메리카 대륙 전역에서, 유럽에서, 아시아에서도 같은 일이 벌어지고 있다.

이제 밭은 경계가 없다. 바다처럼 드넓은 땅덩어리가 되었다. 끝도 없다. 휑한 밭의 표토는 봄비에 쓸려나가며 여름 수확 때 아득한 맨땅을 이룬다. 새, 나비, 포유류가 몸을 숨기고 쉴 곳, 곤충이 보금자리라고 부르는 드넓은 생물다양성의 무대는 어디에도 없다.

생울타리를 제거하자 농약의 효율이 커졌다. 모든 농약은 식용 작물을 죽이는 데 쓰도록 제조된 화합물이다. 작물 안에서 침투성 독소로 변해 병원균이 작물에서 살아갈 길을 터주기도 한다.

농약은 씨앗이나 생장 중인 식물에서

생체 내 유전자 변형을 겪기도 한다. 독성 치사
화합물로서 또 다른 치사 화합물을 생성하며
상승 작용을 일으켜 더 유독한 에어로졸을
만들기도 한다. 이 농약 에어로졸은 먼 거리를
날아가 숨구멍에 쌓인다. 그리하여 이 거대한
기근의 지대에서 우리 식량의 슬픔이 비롯한다.

생울타리를 없애고 밭의 경계를 트고 지속
가능 농법을 철회하는 것은 자연에 전대미문의
영향을 미치는 일이다. 토양을 비옥하게 하는
인조 비료는 수용성 질산염과 아질산염의 형태로
질소를 더한다. 봄철 드넓은 밭에 비료를 뿌리면
남은 염류가 물기둥에 녹아 직접 개울과 지류에
흘러들었다가 강을 따라 바다에 도달한다.
마지막으로, 대양의 만에 스며든다.

생울타리는 지속 가능한 사고 패턴의
일부다. 생명의 경관이 된, 눈에 보이는 시골
풍경의 일부였다. 생울타리가 있는지 여부는
농장의 성공을 점치는 잣대였지만 아무도 그
사실을 몰랐다. 생울타리는 생물다양성을
키웠으며 그 풍성함은 일상생활에 기쁨을

선사했다. 하지만 농부들도 먹어야 한다. 자신이 생산하는 식량에 대해 공정한 값을 지불받아야 한다. 그들은 중간상의 이익을 위해 밭의 마지막 한 뙈기까지 경작해야 한다고는 차마 생각하지 못하며 그래서도 안 된다. 마지막 한 뙈기는 바다에 영향을 미치며 산소가 함유된 물에 생명을 의탁하는 어류에게도 영향을 미친다.

생울타리는 숲의 살아 있는 이어짐이며, 물론 생명의, 모든 생명의 상징이다.

생울타리
hedgerow

숲의 경고

문명의 무차별적 개입에 대해 숲은 질병과
죽음으로 답하곤 한다

옛날 옛적에 괌이라는 섬이 있었다. 이 작은 섬은
태평양의 하늘빛 물에 둘러싸여 있었다. 섬에는
토착민이 살았다. 그들은 차모로족이라고
불렸다. 이 부족들은 위대한 물에서 사냥하고
고기를 잡았다. 해마다 축제를 열어 생명을
찬미했다. 그들은 건강한 부족이었다.

　　괌에는 숲이 우거졌다. 나무들은
구대륙에 흔한 수종이며, 진화적 협력을 통해
신대륙의 참나무와 히커리 같은 후기 종을
낳았다. 이 나무들은 소철과에 속한다. 키가

약 20피트(6.5미터)이며 야자잎 모양의 빽빽한
꼭대기 부위는 진녹색이다. 안에는 호두만
한 진갈색의 매끈한 견과가 숨어 있다. 익은
견과는 괌의 짐승들이 사족을 못 쓰는 별미다.
나무들은 식량으로도 쓰이며 빵야자나무와
장례식야자나무라는 일반명으로 통한다.
사고sago라는 끈끈한 녹말질 가루도 생산된다.
견과 가루로 구운 납작한 빵을 토르티야라고
부르는데, 대부분의 음식에 곁들여 먹는다.

차모로족은 1년에 한 번씩 토르티야를
건너뛰었다. 축제에서 토르티야 대신 고기를
먹었다. 그들이 접시에 올리는 고기는 색달랐다.
박쥐 고기였기 때문이다. 마리아나왕박쥐*Pteropus
mariannus*라는 이름의 유난히 크고 육즙이
많은 종이었다. 이 박쥐는 귀여운 모습
때문에 날여우라는 일반명으로 불렸다. 익힌
마리아나왕박쥐는 차모로족에게 최고의
진미였다.

차모로족의 일상생활에서는 이 박쥐를
잡기가 힘들었다. 한밤중에 소철을 잽싸게

들락날락하는 날랜 짐승이었기 때문이다. 보기 힘들었으며 잡기는 더더욱 힘들었다. 사체를 집에 가져오면, 일 년에 한 번 맛보는 별미였기에 두 배로 흡족했다. 뼈까지 와작와작 씹을 때마다 더없는 기쁨이 느껴졌다.

그러다 이 태평양 낙원의 평안이 깨졌다. 전쟁이 발발했다. 2차 세계 대전이라는 끈끈한 전쟁은 아름다운 모든 것에 삿갓조개처럼 달라붙었다. 차모로족은 자신들의 새로운 역할 모델을 부러움의 눈길로 바라보았다. 서서히 그들은 흠모하던 총을 손에 넣었다. 마리아나왕박쥐는 금세 주식主食이 되었다. 물론 그 뒤에 절멸했다.

총이라는 횡재를 만나고 얼마 지나지 않아 질병이 찾아왔다. 차모로족은 거의 한 명도 예외 없이 놀라운 변화를 겪기 시작했다. 신경변성 장애였다. 전에 보지 못한 질병이었다. 파킨슨병, 알츠하이머병, 무시무시한 루게릭병의 증상이 죽음의 길을 보여주기 시작했다. 사람들이 죽기 시작했다. 이 낙원에서 일상적이던 평안한 죽음을 맞은 사람은 한 명도 없었다.

　　과학적, 의학적 탐구의 탐정 활동을 통해
날박쥐라는 가련하고 무고한 박쥐가 원인으로
드러났다. 박쥐는 소철 열매를 먹었다. 소철은
열매를 보호하기 위해 독을 품었다. 이 독은
우연하게도 신경독이었다. 알라닌alanine이라는
비필수 아미노산을 단순하게 재구성하여
베타-메틸-아미노-L-알라닌이라는 흉포한
신경독으로 만든 것이었다. 이 신경독은 박쥐의
체내에 축적되었다. 이 독의 기원은 매우
평범하다.

　　소철은 여느 콴다발 식물과 마찬가지로
모든 종류의 식물과 초록 우정을 나누며
살아간다. 서로에게 유익한 이 조용한 행동은
나무뿌리의 식료품 시장에서 더 흔하다. 이
비옥한 구역에서 거래가 대규모로 이루어진다.
소철이 파는 물건은 나무에 질소를 공급하는
토양 남조류다. 이 흙 속 미생물은 뛰어난 질소
효소 체계로 공기 중의 질소를 고정한다. 그러고
나면 나무에게 물물교환을 제안한다. 질소를

아미노산 알라닌으로 전환하여 내어준 대가로
남조류는 당을 얻는다. 알라닌은 수용성이다.
모두를 위해 나무의 체관부를 따라 금세 견과에
전달된다.

　　　토르티야를 만들 때에는 소철 견과를
가루로 빻기 전에 여러 번 물에 헹군다. 이것은
전 세계 토착 부족들이 식품을 준비할 때 흔히
거치는 과정이다. 이 방법은 소철에는 효과가
있었지만, 코코넛밀크에 끓인 박쥐가 문제였다.
신경독이 잔뜩 들어 있었기 때문이다. 이런
박쥐를 매일 먹자 독소가 뇌에 쌓이기 시작했다.
그리고… 장례식이 뒤따랐다.

　　　하지만 이 이야기에는 후기가 있다.
남조류는 전 세계 관다발 식물에 흔히 딸려 온다.
세계정원의 모든 토양에서 서식한다. 남조류를
억제하는 것은 땅에서 가장 종 수가 많은
미생물인 박테리오파지다. 또한 박테리오파지는
유전적으로 가장 활발하다. 관다발 식물은
생장에 질소가 필요한데, 남조류는 이 필수
성분을 공급한다. 식용 작물 같은 관다발 식물에

인위적 유전자 변형을 가하면 이 질소 교환이
바뀌어 아미노산 같은 무해한 화학물질이 사나운
살인 무기로 바뀔 수 있다. 그러면 모두가 수프에
빠진 신세다(낭패를 겪게 되었다는 뜻.—옮긴이).
그 수프는 물론 코코넛밀크다. 그냥 지나가는
생각이 아니다!

침묵의 소리

**세계숲의 모든 나무는 저마다 독특한 소리를
내면서 서로 연결된다**

매일 우리 주변에서는 소리의 교향악이 연주된다.
우리가 어디에서 사는지, 누구인지는 상관없다.
소리는 어디에나 있다. 우리는 소리를 듣고서
노래, 푸념, 작은 신음을 알아듣기도 한다. 그
소리는 우리 삶의 일부다. 일상생활의 순간들을
적시는 소리 교향곡의 일부다. 우리가 듣고
인식하는 소리들이다.

　　다른 소리도 있다. 우리는 들을 수 없지만
지구의 많은 생물들은 듣고 인식할 수 있는 소리
스펙트럼 영역이 있다. 그중 하나가 20헤르츠

이하의 소리다. 이 소리는 길고 멀리 전파되며
엄청난 거리를 가로질러 감지될 수 있다.

심지어 행성 지구도 궤도를 돌면서 종을
울린다. 공간의 물질이 거대한 파동 패턴으로
바뀌어 침묵의 소리가 은하로 빠져나간다.
지구는 무한이 들을 수 있도록 생명의 종을
울린다. 극한의 소리, 지구의 종이 울리는 침묵의
소리를 초저음infrasound이라고 부른다.

초저음이라는 침묵의 소리를 발생시키는
원인은 수없이 많다. 그중에는 밝혀지고 확인된
것도 있고 아직 긴가민가한 것도 있다. 초저음의
음파는 평범한 가청음과 같지만 공기를 통과할
때 주파수가 낮을수록 이동 거리가 늘어난다.
화산과 지각판 운동에서는 침묵의 음파가
발생한다. 허리케인과 뇌우 같은 기상 현상도
나름의 초저음 교향악을 연주하며, 코뿔소,
코끼리, 고래 같은 지구의 여러 대형 동물도
마찬가지다. 식물계의 나무와 숲도 거대한
크기와 허공으로 뻗는 움직임을 통해 초저음을
발생시킨다. 숲에는 침묵의 소리를 들을 수 있는

새들도 있다.

소리는, 모든 가청음은 통신 수단이다.
발신자가 노래를 부르면 뇌의 패턴 언어가
의미의 메시지를 내보낸다. 수신자는 종種의 뇌가
공유하는 공통의 메커니즘을 통해 그 소리를
듣고 이해한다. 이를테면 코끼리는 침묵의 소리인
14헤르츠 음파로 소통한다. 이 소리는 주파수가
낮기 때문에 지상에서 먼 거리를 이동할 수
있으며 심지어 숲과 초원을 통과하기도 한다.
반대편의 코끼리는 이 음파를 공명으로서
듣는다. 머리와 코를 소리 쪽으로 내밀어
인식한다.

꿀벌도 초저음으로 소통할 수 있다.
벌집은 안정되고 거의 차 있을 때는 정온
동물처럼 행동한다. 벌집의 벌들은 허리케인,
회오리바람, 뇌우, 토네이도가 발생시키는
침묵의 소리를 듣는다. 그러면 거품처럼 뭉친다.
그럼으로써 자신의 소리 주파수를 높인다.
이 경고 신호는 벌집을 보호하기 위한 독의
생산량을 증가시킨다. 이런 상황에서는 모든

벌이 벌집을 지키는 병정벌이 된다. 벌집에 간직된
어린 배아는 무엇보다 중요하다.

초저음을 들을 수 있는 사람도 있다.
그러면 강렬한 정서적 반응이 일어난다. 이
경험은 숲의 성당에서 곧잘 느낄 수 있다.
인체라는 악기는 커다란 첼로처럼 저주파 음파를
증폭한다. 갈비뼈와 늑간의 움직임에 의한
호흡은 목에서 조여지며 횡격막에서도 공기를
공급한다. 저주파 증폭은 교감신경계에 영향을
미쳐 안정 효과를 일으킨다. 뇌의 정서 중추에도
작용하는 듯하다. 침묵의 소리를 일종의 종 간
소통으로 지각할 수 있는 사람의 청각 경험은
주로 가슴에서 어마어마한 세기와 긴장으로
느껴지며 눈물을 글썽이게 할 수도 있다. 이것은
전 세계에서 음악을 들을 때 흔히 느끼는
감정이다.

세계숲의 모든 나무는 소리의 지문을
만들어낸다. 이 소리는 눈의 홍채나 손의
엄지손가락 지문처럼 유일무이하다. 나무마다
줄기(들)의 형태에 따라, 또한 고유한 모양의

잎으로 이루어진 우듬지의 패턴에 따라 독특한 소리를 만들어낸다. 소나무의 소리(들을 수 있는 것도 있고 들을 수 없는 것도 있다)는 날카로운 데 반해 붉은참나무의 소리는 둥글둥글하다. 소나무를 지나는 바람은 솔잎에 잘게 나뉘어 날카로운 윙윙 소리가 나는 반면에 붉은참나무 잎은 요트의 돛이 펄럭이는 것과 비슷한 소리가 난다.

초저음은 숲의 나무들이 벌의 군집처럼 서로 소통하는 방법인지도 모른다. 초저음 경고 신호는 둔중한 저주파음으로 나무와 나무를 연결하는데, 아이와 많은 사람이 들을 수 있다. 커다란 나무나 숲의 넓은 부분을 벌목할 때는 목이 졸리거나 심지어 질식하는 듯한 느낌을 받는다.

캐나다 브리티시컬럼비아 우림의 토착민 연장자들은 이 소리를 "나무가 운다"라고 묘사한다.

약용 나무

**나무의 특별한 항암, 항바이러스, 항진균 능력이
부서진 삶을 회복시킨다**

고대 세계의 주민들에게는 나무와 목재,
목질부에 대한 지식이 있었다. 이 지식은
부분적으로는 주변의 어마어마한 생물다양성에
대한 자연스러운 호기심에서 왔다. 제의적
꿈에서도 왔다. 이 지식은 구전 전통의 집단적
작업으로 수집되고 공유되었다. 이 배움의 토대
위에 실용적 지식의 기반이 놓였다. 이 지식은
그들에게 부족으로서 살아남을 힘을 선사했다.
　　　수종마다 독특한 목질부와 목재가 난다.
종 안에서도 서식처에 따라 차이가 있다. 나무

안에 사는 내생균류 때문에 차이가 생기기도
한다. 나무 내부의 호르몬 흐름으로 인한 변화는
더 다양하고 신기하다. 모든 변화가 정상적인
것은 아니지만 나무의 목질부와 목재에 변화를
일으킨다.

나무의 목질부는 천연 중합체의 혼합물로,
그중 하나가 목질소(리그닌)다. 목질소는
나무의 세포 하나하나에, 세포벽에, 세포
바탕질(조직의 세포 내 물질 또는 구조물이 발생되는
기질.–옮긴이)에 들어 있다. 후각조직collenchyma과
후막조직sclerenchyma이라는 부위에서 추가로
힘을 결합하여 이 목질소 구조를 빽빽하게
함으로써 나무는 결정을 내린다. 나무의 해부
구조에서 뼈처럼 생긴 이 부위는 가지를 뻗고
우듬지를 떠받칠 힘을 생성하며 나무의 독특한
생리 작용이나 생장 형태를 좌우한다.

나무는 뼈대 바깥에서도 다양한 중합체를
만들어낸다. 중합체는 기다란 화학물질 사슬로,
생장하는 나무에 꼭 알맞으며 필요할 때마다
추가할 수 있다. 사슬에는 탄닌, 복합당, 점액,

그리고 소리를 감쇠하는 코르크질 등이 있다.
나뭇진과 목랍처럼 더 중요한 중합체도 많다.
이에 더해 나무의 부름켜 내부와 주위에서
돌아다니는 수많은 방향족 생화학물질이 있는데,
그중에는 알려진 것도 있고 아직 발견되지
않은 것도 있다. 이것이 잽싼 화학적 전령인
에어로졸로, 나무와 숲에 들어 있다가 대기
중에 방출된다. 이 연약한 분자는 반감기가
짧아서, 이동하여 공기, 물, 토양에 방출되는
과정에서 변한다. 에어로졸 말고도 이 부모
화합물의 화학적 자식들이 양자 상태를 바꾸려고
기다린다.

약의 마법은 목질부에서 여러 화학물질이
조합되어 생겨난다. 세계정원의 숲마다 나무가
다르다. 약용 화학 작용은 해마다, 철마다도
달라진다. 이따금 질병이나 날씨의 스트레스
때문에 나무 한 그루에서 이 화학물질들이
유도된다. 그러면 얼마 안 가서 근처에 있는 같은
종의 나무들도 같은 화학물질을 증가시킨다.
마치 텔레파시로 소통하는 듯하다.

어떤 나무는 약성이 있고 또 어떤 나무는 독성이 있다. 세계정원의 가래나뭇과 나무들은 약용 목질부를 만들어낸다. 주엽나무속 같은 콩과 나무들은 대부분 흰개미에게 유독한 목질부를 생성한다. 측백나뭇과처럼 살진균 에어로졸을 제조하는 나무들도 있다. 이 에어로졸은 한증막 소독에 쓰였으며 인도 아대륙에서는 시신을 화장한 뒤 죽음의 기운을 몰아내는 데 쓰였다. 자작나뭇과의 목질부는 항바이러스 작용을 한다. 이 나무들의 에어로졸은 전립선암, 신장 투석, 장기 이식 환자에게 유익하다. 자작나뭇과 개암나무속 나무들은 균류에 감염되면 탁산taxane을 만들어낸다. 이 항암제는 유방암을 비롯한 생식계 암 치료에 엄청나게 중요하다.

세계정원의 모든 약용 나무는 의학적으로 활성인 에어로졸을 미량 방출한다. 이 화학물질은 공중에 떠서 먼 거리를 이동할 수 있다. 꽃가루 입자에 올라타 짧은 거리를 이동할 수도 있고 마이크로미터 크기의 입자에 달라붙어 이동할 수도 있다. 에어로졸은 공기 중 분자 이동으로 확산하는 능력이 있다. 강력한 항생, 항진균, 항암 효과가 있는 화합물로 스스로를 내보낸다. 열대 지방에서 극지방에 이르기까지 공기 중에서 바이러스, 세균, 진균을 막아주는 방패 역할을 한다.

약용 나무는 가정에서도 비슷한 쓰임새가 있다. 가구, 집기, 심지어 주택 자체도 약용 나무로 만들 수 있다. 이 재료들에서 방출되는 소량의 방어 화학물질은 집의 공기 통로를 따라 이동한다. 세탁기나 식기 세척기 위에서 소용돌이를 이루는데, 밀폐된 환경에 습한 공기가 섞여 있어서 에어로졸의 용해도가 커져 더 속속들이 전파된다. 이 생화학물질은 가족 건강에 유익하다.

실제로 고대 세계에는 나무, 목재, 목질부에 대한 방대한 지식이 있었다. 오늘날에는 낯선 개념이지만, 그 세계의 토착 부족들에게는 심지어 사별을 치료하는 약도 있었다. 그들은 죽음을 앞둔 환자나 망자가

있는 집에서 스트로브잣나무*Pinus strobus* 가지를
태웠다. 항진균 효과가 있는 흰색 연기는 남은
자의 부서진 삶을 회복시키기 위한 것이었다. 이
연기는 정신에도 치유 효과가 있다고 생각되었다.
틀림없이 그렇다.

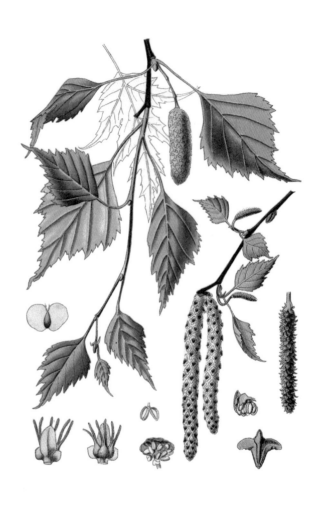

백자작나무

Betula pendula

성 혁명

**나무의 생식에는 생물다양성을 실현하는 고도의
천재적 계획이 담겨 있다**

나무는 짝짓기를 뻔질나게 한다. 식물은 운
좋게도 종교의 금욕 교리에 구애받지 않기에
마음 내킬 때 내키는 대로, 무엇보다 중요하게는
원하는 방식으로 짝짓기를 한다. 어쨌거나
식물이니까 모든 것이 식물계 안에서 이루어진다.
　　　식물의 삶을, 또한 동물의 삶을 경계 짓는
것은 탄생과 죽음이다. 이 두 가지 사건은 생식의
경로를 따라 흐르는 삶의 물결에서 변함없는
상수다. 식물에서 비둘기까지 모든 생물은
하류의 죽음에 이르기까지 번식의 짐을 짊어진다.

이 일에 유난히 빼어난 종도 있다. 상당수는
꽃, 버섯, 내피막, 생식기집을 만들고 젤, 향수,
속치마, 심지어 파이프를 만드는 것도 있다.
모두가 생명의 춤을 추며 출산하여 번식한다.
누구나 알듯 번식은 그 자체로 생명의 다소
소박한 정의이니까.

　　　나무 같은 식물은 생명의 연속성을
위해 성적 요소가 무엇보다 중요하다. 그런
요소로는 여러 가지가 있다. 이것은 진정한
생물다양성이요, 유전적 유연성의 표현으로서
모든 생물, 모든 동물과 식물에게 변화의 기회를
준다. 이 기회가 없으면 생명은 정체할 것이다.
중복이 발생하여 종 내에서 개체의 구별이 사라질
것이다.

　　　나무의 세계에서는 이성애가 더
일반적이다. 움직일 수 있는 수컷 정자가 움직일
수 없는 암컷 난자를 수태시킨다. 새로운 유전자
서열 두 개가 행복한 결혼을 위해 나란히 서서
그 상태로 영원히 살길 꿈꾼다. 나무와 숲이
이성애를 선호하는 것은 견과, 씨앗, 익과(열매의

껍질이 얇은 막 모양으로 돌출하여 날개를 이루어
바람을 타고 멀리 날아 흩어지는 열매. –옮긴이)를
생산하여 가족의 삶을 유지할 수 있기 때문이다.

하지만 숲에는 동성애도 존재한다.
동성애는 정상적 가족생활의 일부일 때도 있고
백약이 무효일 때 스트레스 요인으로서 발현될
때도 있다. 그럼에도 나무의 동성애는 유효하고
자연적인 생식 수단이다. 일부 수종은 정상적
생식 장벽을 뛰어넘어 암나무이든 수나무이든
성행위 자체로부터 배아를 만들 수 있다.
암나무에서 이루어지는 과정은 단성생식이라고
부른다. 수나무에서 이루어지는 과정은 이름이
없지만 북아프리카의 메마른 지역에서 발견되며
다른 곳에도 존재할 가능성이 있다.

동성애는 생물다양성의 성적 표현이다.
이 표현은 자연에서 드물지 않다. 이것은
유전 부호에 돌연변이 생성 능력을 부여하는
수단이다. 돌연변이는 작곡가들의 영역에서
볼 수 있는 뛰어난 음악적 솜씨, 또는 식물계의
황금색 또는 알비노 '품종forma'처럼 변화를 위한

효소를 생산할 수 있는 유전자를 가지고 있다.
이따금 이런 변화가 천재를 낳기도 한다. 천재는
문화와 철학의 경로를 바꾼다.

이성애 번식과 동성애 번식에 더해 나무는
새로 발견된 줄기세포와 비슷한 영양생식vegetative
reproduction으로 번식할 수도 있다. 영양생식은
단순한 분자 수준의 과정이 아니다. 세포에
내장되어 있다. 전형적 사례를 보자면 일반
체세포는 염색체 개수가 이배체여서 번식할 수
없는 세포이지만 스스로를 분자적으로 복제하여
폭발적으로 증가할 수 있다. 유전자 복제가
그렇듯, 생명의 패턴이 동일하다는 것 말고는
성적 생물다양성에 대해 새로이 알 수 있는 것은
하나도 없다.

나무는 가족 구성원을 두 성별로 나눌
수 있는데, 암컷 후손들은 똑같은 나무가 된다.
이것이 암나무다. 수컷은 떨어져 나가 별도의
수나무, 또는 꽃가루를 맺는 나무가 된다.
이 암수딴그루 방식에서는 수나무의 수가 더
많아서 일처다부제를 볼 수 있다. 암나무는 소수

정예이며 숲에서 수나무보다 드물다.

상황에 따라서는 수컷이 한 가지에, 암컷이 다른 가지에 있을 수도 있다. 이런 나무는 주로 바람이 많이 부는 지역에 산다. 꽃가루는 기류를 타거나 날벌레나 새에 실려 암컷에게 도달한다.

더 긴밀한 가족 단위도 있는데, 암컷과 수컷이 같은 꽃 안에서 오순도순 함께 산다. 집돌이 꽃가루는 바람을 타는 사촌보다 뚱뚱하다. 가만히 앉아서 친밀한 성적 신호를 기다린다. 이런 유혹 방식은 여러 흔한 수종에서 효과가 있으며 암수한그루 행동이라 불린다.

나무의 성생활에는 더 섬세한 타이밍 조절 문제가 있다. 꽃가루는 너무 일찍 준비될 때도 있고 시기를 놓칠 때도 있다. 난자가 부루퉁해 있을 때 옆집 소년이 불쑥 들어오기도 한다. 그런가 하면 변화의 바람을 타고 더 나은 꽃가루가 찾아와 난자를 수정시키기도 한다.

이에 더해 숲에는 또 다른 형태의 성 행동이 존재할 가능성이 있다. 균류와의 생식 관계에서는 나무 전체가 한쪽 동반자를 맡을 수

있다. 이 짝의 생명선은 길어서 나무가 죽어야만
끝난다. 그러면 균류 동반자 쪽에서 생식을
시작하여 담자홀씨나 자낭홀씨로 또 다른
연애를 시작한다.

생식만이 참된 생명 다양성을 실현한다.
모든 성 혁명에는 완벽에 이르는 길에서 또 다른
성적 도약을 단행하기 위한 계략이 담겨 있다.

나무의 숨쉬기

나무는 인간의 생명을 위해서 끊임없이
이산화탄소를 격리하고 물을 거른다

빨갛게 칠한 입술을 삐죽거리는 것은 대중
미술에서 묘사하는 인류의 이미지 중 하나다.
립스틱 바른 입이 여성지에 입 맞추고 신문에
말을 건다. 얼굴에는 입이 하나 있고 그 입에는
역할이 있다. 허파라고 불리는 분홍색 주머니
두 개에 연결된 통로를 열어 이 주머니를 공기로
채운다. 따뜻한 공기는 인간 얼굴의 섬세한
특징이다.

　　나무는 다르다. 나무는 커다란 한 개의
입을 가지고 있지 않다. 갈잎나무는 입이 수십억
개다. 잎 표면은 수백만 개의 입으로 덮였다.

이 입은 인간의 숨길처럼 열렸다 닫히는 작은 구멍이다. 나무의 초록 입술은 기공이라고 불리며 기다란 세포 두 개로 이루어졌다. 열고 닫는 메커니즘은 양쪽에 있는 두 개의 작은 세포 몫이다. 이름은 공변세포다. 나무는 숨 쉬고 싶으면 기공을 연다. 숨쉬기를 그만하고 싶으면 기공을 닫는다. 공변세포는 늘어지면 닫히고 팽팽해지면 열린다.

인간이 커다란 입 한 개로 하는 일을 나무는 몇 마이크로미터 크기의 입 수백만 개로 한다. 나무의 입에서는 작은 것이 아름답다. 하는 일은 같다. 인간의 입은 벌어져 산소를 빨아들인다. 이 기체는 음식을 연소시켜 흔한 유독 기체인 이산화탄소를 발생시키는데, 인체는 이산화탄소를 제거해야 한다. 연소로 인한 이 배기가스는 날숨의 형태로 허파에서 빠져나간다.

이에 반해 나무가 몸을 만들려면 배기가스인 이산화탄소가 필요하다. 그래서 기공 입을 열어 이산화탄소를 기공 내 공간으로 들이마신다. 이산화탄소를 탄소가 들어 있는

당으로 바꾸고 산소라는 무독성 기체를
내뿜는다. 이 기체는 주변 공기에 곧장 섞여들어
공기를 풍부하게 한다.

　　이렇듯 인간과 나무는 서로 연결된
순환에 매여 있다. 인간은 나무에게 필요한
이산화탄소를 만들어내고 나무는 인간에게
필요한 산소를 만들어낸다. 둘 다 이 필요
순환의 일부다. 자세히 들여다보면 둘 다
약간 털보이기도 하다. 인간의 입은 때로는
무성한 털로 둘러싸였다. 나무의 입도 그럴
때가 있다. 나무와 인간 둘 다에서 수염은 입을
위험으로부터 보호한다. 하지만 나무는 여기서
한발 더 나아간다. 수백만 개의 털북숭이 입
덕분에 건조한 환경에서도 물이 덜 필요하다.
숨의 습기가 수증기로 털에 응결하기 때문에 전체
수분 손실이 줄어든다.

　　인간 뇌의 깊숙한 중심인 변연계는 호흡
과정을 조절한다. 이 자동 반응을 통제하는
것은 컴퓨터와 비슷한 뇌 시스템이다. 이것은
유전자로부터 유도된 명령과 복종의 이항

함수다. 나무도 나름의 방법으로 같은 일을 한다. 나무의 우듬지에는 커다란 잎 표면이 자리 잡고 있다. 이 영역 전부가 동시 호흡에 필요하지는 않다. 우듬지의 일부 영역에서 햇빛이 너무 강하면 기공 입이 닫히는데, 숨을 쉬기 위해 그늘의 다른 영역들이 우세해진다. 이것도 깊숙한 중심에서 조절한다.

그 방법이 분산창발연산distributed emergent computation이다. 이 과정은 면역계와 신경계 같은 복잡한 체계에도 흔하다. 이런 방식의 가정 관리는 대규모 개미 군집, 효모 군집, 점균류 덩어리에서도 볼 수 있다. 이곳에서는 이산화탄소와 산소 같은 기체나 영양소의 먹이 공급을 토대로 내려지는 결정이 가장 큰 영향력을 발휘한다.

나무와 모든 관다발 식물이 분산연산을 통해 어떻게 호흡 과정을 조절하는지는 정확히 밝혀지지 않았다. 설령 나무에 조절 중추가 있더라도 찾기가 쉽지 않다. 반세포companion cell(식물의 체관에 붙어 있으면서 체관 세포의 활동을

조절하는 세포.—옮긴이)가 조절 중추일 수도
있고 호르몬에 의해 조절 작용이 촉발되는지도
모른다.

　　　나무에서 일어나는 증산은 산소, 수증기,
그 밖의 에어로졸 화학물질을 주변 공기
덩어리로 내쉬는 과정인데, 이 또한 밝혀지지
않았다. 아마도 들숨과 날숨의 연산이 실행되는
과정의 일부인 듯하다.

　　　지금 당장 넘겨짚어보자면 기본 원리는
세포 자동자cellular automata라는 수학 원리인 것
같다. 세포 자동자는 모든 생명 현상의 토대로
추측된다. 여기에는 소립자와 심지어 지능
자체도 포함된다. 하지만 과학이 이런 복잡한
형태의 단순함을 이해하려면 아직 멀었다.
수학 원리는 말할 것도 없다. 세포 자동자는
개별 세포로 별도로 존재하는 점균류 덩어리,
진점균류, 효모, 균류 등에서 볼 수 있다. 그런데
하나의 단위가 되면 함께 결정을 내린다. 효모는
토룰라torula, 즉 휴식 단계를 형성할 수 있는데,
이때 세포들은 뭉뚱그려져 존재할 수 있다. 이

세포 소통은 밝혀지지 않았으며 연구된 적도 없다.

그러는 동안에도 이른바 '지능이 결여된' 나무들은 인간 생명을 위해 계속해서 이산화탄소를 격리하고 있다. 계속해서 체관부와 체관을 통해 물을 거르고 있다. 나무에서 빠져나오는 물은 나무에 들어간 물보다 깨끗하다. 나무에 들어갔다가 수백만 개의 기공에서 증발하는 지하수는 정수淨水에 새로운 의미를 부여한다. 기공 숲 구멍 하나하나에서 굴러 나오는 산소라는 기체는 재활용을 위해 대기라는 우리의 공용 에어백에 주입된다. 감사에 새로운 의미를 부여해야 마땅하다.

견과유와 견과유지

**고대부터 인간을 이롭게 해준 견과류 나무는
이제 지구 온난화도 막아줄 것이다**

북아메리카의 고대 세계에는 '오늘의 특별
메뉴'가 있었다. 겨울철에 맛볼 수 있는
음식이었다. 그 특별 메뉴는 젖이었다.
들오리, 사슴, 멧토끼의 식단에 들어 있었다.
옥수수수염 점액을 넣어 걸쭉하게 만든 육즙
같은 재료였다. 잘 익은 옥수수 껍질에서 얻는
이 황금색 실은 음식에 달콤한 풍미를 선사하기
때문에 저장되었다. 젖은 여느 젖이 아니었다.
견과유nutmilk였다.
　　아시아 전역에서는 또 다른 유제품이

생산된다. 이 젖은 콩에서 추출한다. 그래서
식물성이다. 바로 두유다. 하지만 아시아의
젖은 한발 더 나아가 물컹물컹한 식물성 치즈가
된다. 식초 같은 묽은 산이나 염화마그네슘으로
용액에서 젖단백질을 침전시킨다. 이 젖단백질을
거르고 말리고 네모나게 자른다. 두부라고
불리는 치즈는 이렇게 만든다.

　　북아메리카 견과유는 알맞은 이름이
없었다. 식품으로 인정받지도 못했다. 하지만
토착 부족들의 중요한 토속 음식이었다.
메이플시럽처럼 보관법이 따로 있었다. 견과유는
오랫동안 신선도를 유지했다. '마쿠크'라는
자작나무 바구니에 보관했다. 마쿠크는 서류
가방처럼 주둥이를 접을 수 있었으며 이동식
건물에 저장했다. 견과유는 겨울철 모닥불에
녹이면 천천히 향미를 내뿜었다. 놀란 개척민들은
훗날 견과유의 우수한 품질을 곧잘 증언했다.

　　북아메리카 견과유는 다양한 토착
견과육으로 만들었다. 주로 히커리속 견과를
썼다. 커다란 나무에서는 견과를 다량으로

채집할 수 있었다. 섀그바크히커리와 킹넛이 그런
열매였다. 견과는 가을에 거둬 손으로 껍질을
벗겼다. 알맹이를 노천에서 바람으로 탈수했다.
이 과정을 거치면 내부의 내막과 씨껍질까지 바싹
말랐다. 이렇게 해서 부피가 줄어들면 안에 든
과육을 꺼내기가 쉬워졌다. 어떤 견과는 통째로
집어 먹었다. 또 어떤 견과는 알이 부서지지
않도록 껍질을 깨서 꺼냈다.

　　　그런 다음 히커리 견과를 뜨거운 물에 넣어
추출 과정을 진행했다. 자작나무 물 주전자에
물을 보글보글 끓였다. 으깬 견과를 물에 넣었다.
몇 분 지나면 단백질과 지방이 빠져나왔다.
지방은 주전자 위쪽에 떠올라 기름 층을 이뤘다.
이 층을 걷어내어 전용 머리카락 체에 걸렀다.
이렇게 제조한 견과유는 마쿠크에 보관했다.
재가열하여 수분을 증발시켜 점도를 높일 때도
있었다. 그러면 맛있는 견과유지nutcream가
만들어졌다. 열처리를 거치면 향미가 더
진해졌다. 견과유지는 원뿔 모양의 작은
마쿠크에 저장했으며 특별한 용도로 썼다.

또 다른 이색적 제품은 견과유와
견과유지로 만든다. 알코올 함량이 적은
발효주다. 견과유지와 견과유에 야생 효모를
넣는데, 효모 중에는 흥미롭고 신기한 것이
많다. 북부에 자생하는 효모로 사카로미세스
니그라*Saccharomyces nigra*가 있는데, 북아메리카의
낮은 온도에서 활동한다. 견과유지와
견과유에는 복합당이 많이 들어 있어서 발효
과정이 순조롭게 진행된다. 발효주의 도수를
좌우하는 것도 태양의 힘이다. 화창하고
건조하고 햇볕이 고루 비치는 여름날에는
복합탄수화물이 몇 배로 증식했다. 그러면
발효주의 단맛이 강해지고 도수와 보존성도
강해졌다. 이 걸쭉하고 맛있는 발효주를
토착어로 포코히코라라고 부른다. 사람들은
가족, 친구와 함께(물론 이야기도 함께) 이 음료를
즐겨 마시면서 길고 추운 겨울의 지루함을
떨쳤다.

비터넛 또는 피그넛이라 불리는 또
다른 히커리*C. cordiformis*에서는 고급 기름을

생산했다. 이 기름은 여느 히커리보다 훨씬 작은 견과에서 추출했다(크기가 작은 대신 개수는 훨씬 많았다). 비터넛나무는 엄청난 크기로 자라는데, 둘레가 20피트(6.1미터)를 넘을 때도 있으며 우뚝한 우듬지를 드리운다. 이 히커리 기름이 일상생활에서 다량으로 필요했던 것은 북아메리카에 이주한 개척민들과의 교역 물품이었기 때문이다. 개척민들은 이 기름을 램프 연료로 썼다. 히커리 기름은 제의 때 포마드처럼 머리카락에 바르거나 요리에 쓰기도 했다. 약용 성질도 여러 가지가 있었다. 히커리 기름은 견과유와 견과유지에 곁들여 썼을 가능성이 매우 크다. 어떤 음식에 넣었는지는 알 수 없지만. 어떤 구전 역사에서든 약한 고리는 기억이다. 그 기억은 애석하게도 잊혔다.

히커리류에 속하는 상당수 수종은 지금도 북아메리카에 남아 있다. 하지만 예전에 비하면 극소수에 불과하다. 유럽에서는 마지막 빙기 때 사멸했다. 폴란드에서 꽃가루가 이따금 출토될 뿐이다. 유럽에서 히커리가 번성하여 열매를 맺지 못하는 것은 마지막 빙기 이후 일조 조건이 달라졌기 때문이다.

히커리류는 유난히 목질이 촘촘하고 열매를 풍성하게 맺는다. 이 말은 생장할 때 탄소가 많이 필요하다는 뜻이다. 히커리는 대기 중 탄소를 어느 나무보다 많이 격리할 수 있다. 과거에 드넓은 원시림에서 이 역할을 했으며 이제 다시 할 수 있다.

북아메리카 동부의 농촌에서는 남쪽의 피칸과 모든 잡종, 천연 돌연변이, 품종, 교잡종을 비롯한 모든 히커리로부터 새로운 아이디어를 얻었다. 견과유와 견과유지를 식량 생산에 활용한다는 발상이다. 이것은 히커리의 탄소 격리 능력으로 지구 온난화를 줄이자는 발상과 본질적으로 쌍둥이다. 두 발상은 논리적으로 연관성이 있으며 새천년에 더 낫고 밝은 미래를 열어줄 것이다.

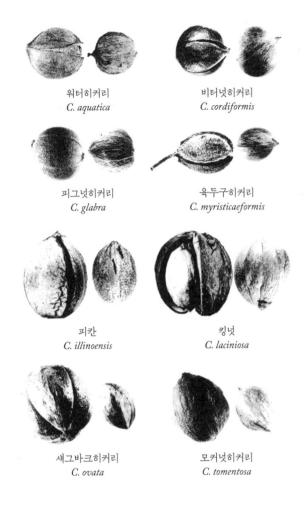

워터히커리
C. aquatica

비터넛히커리
C. cordiformis

피그넛히커리
C. glabra

육두구히커리
C. myristicaeformis

피칸
C. illinoensis

킹넛
C. laciniosa

섀그바크히커리
C. ovata

모커넛히커리
C. tomentosa

히커리속屬의 견과들
Nuts of the *Carya* genus

보이지 않는 숲

**세계정원의 큰 숲과 바다의 보이지 않는 숲은
서로 연결되어 있다**

태초에 세상이 있었다. 이 세상은 땅과 바다로
이루어졌다. 보기에 좋았다. 그 바다에는 작은
것이 있었다. 너무 작아서 덩어리져야만 볼 수
있었다. 하나하나에 초록색 눈이 하나씩 달렸다.
단세포였다.

　　세상의 바다들에서 단세포는 여러 식물
생명 형태로 진화했다. 이것들은 바다의 경관이
되었다. 대륙이 분리되면서 바다 식물은 영양이
풍부한 조간대潮間帶(만조의 해안선과 간조의
해안선 사이의 부분.－옮긴이)로 올라왔다. 이윽고

끈끈한 점액질 외투를 입은 채 하늘거리는 갈색의 다시마 숲에서 단세포의 얼굴 특징을 볼 수 있었다. 다시마는 사르가소해에서 다량으로 서식했는데, 그곳은 장어가 풍부했다. 단세포는 더 진한 붉은색의 홍조식물이 되어 규소 갑옷을 짤깍거렸다. 단세포가 뭉쳐 형성된 리본 모양 남조류는 아키네트akinete(남조류, 녹조류에서, 영양 세포가 저장 물질을 풍부히 저장한 후 세포의 벽이 두꺼워져 휴면기의 포자처럼 되어버린 특수한 생식 세포.−옮긴이) 및 이형세포heterocystic(남세균의 실 모양으로 배열된 세포 중에서, 특히 모양이 크고 구조가 다른 특수한 세포.−옮긴이) 포자 형성(특정 미생물들이 생활 환경이 좋지 못할 때에 휴면기로 들어가면서 두꺼운 막을 쓴 형태의 세포로 변하는 과정.−옮긴이)을 통해 증식할 수 있었다.

　　이 단세포와 소박한 동료들이 바다의 식물성 플랑크톤 숲을 이뤘다. 인간의 눈에는 보이지 않는 숲이다. 생물상이 성장하여 생긴 거대한 덩어리는 지구의 궤도 이동을 따라 대륙에서 대륙으로 자유롭게 떠다닌다. 이따금 기후 격변으로 대륙붕까지 떠밀리기도 한다.
하지만 대개는 태양을 따라(태양의 계절에서
생겨나는 온난화 패턴을 따라) 남북으로 느릿느릿
움직인다.

단세포가 할 수 있는 일은 또 있다. 헤엄칠
줄 안다. 편모 다리를 놀려 이동한다. 뱀처럼
단백질 썰매를 이용하기도 한다. 단세포는 두
방법을 다 써서 보금자리인 바닷물 기둥을
오르내린다. 단세포의 가정생활을 제약하는 것은
유전적 크기다. 유전자 개수가 가장 많은 세포는
가장 깊이, 200미터 아래까지 내려갈 수 있다.
유전자 개수가 가장 적은 세포는 맨 위 20미터나
바닷물 기둥 표면에 머문다.

단세포의 삶은 위험투성이다. 이 작은
생물은 무도한 박테리오파지 패거리에게
유린당할 수 있다. 이 바이러스는 단세포를
약탈하고 오염시킨다. 단세포의 유전 부호에
유전자를 주입하여 절대복종하는 노예로
만든다. 단세포는 항생 연고를 써서 탈출할
때도 있고 모든 것을 잃은 채 자신의 출발점인

용액으로 돌아갈 때도 있다.

단세포 생물이라는 단백질과 탄소의 홍수는 모든 생물을 먹여 살리는 진정한 바다 초원이다. 단세포 생물상의 일일 회전율은 40퍼센트로 추산된다. 이렇게 쏟아져 나오는 영양물질은 활발한 세포 분열을 떠받친다. 팽창을 억제하는 것은 박테리오파지다. 단세포 생명 덩어리는 바다의 어마어마한 탄소 격리 능력을 떠받친다.

단세포의 보이지 않는 숲은 산소를 대기 중에 내뿜고 탄소를 기체 형태에서 안정된 유기물 형태로 격리하는 능력 면에서 뭍에 고정된 세계정원의 숲과 맞먹는다. 단세포는 지구상에서 가장 풍부한 광합성 체계다. 단세포는 바다에 살지만 뭍에서도 살며 번성한다.

작은 단세포와 나무는 일하는 방식이 비슷하다. 단세포는 나무와 마찬가지로 엽록소를 품고 있다. 단세포에 들어 있는 엽록소는 나무에 비해 조금 원시적이지만 하는 일은 결국 똑같다. 단세포의 엽록체는 대기 중 이산화탄소가 용해된 형태인 탄산염을 격리한다. 단세포 엽록체는 태양 에너지를 이용하여 탄소를 (탄소가 풍부한) 당으로 전환한다. 단세포는 낮에 일한다. 밤이 되면 성격이 돌변한다. 질소고정효소를 발동시켜 스스로 약간의 질소를 뽑아들인다. 물에서 뽑기도 하고 공기에서 뽑기도 한다. 단세포는 이 질소에 약간의 탄소를 섞어 단백질을 만든다. 여기서 더 유연성을 발휘하기도 하는데, 질소고정효소는 대개 촉매로 철이 필요하지만 단세포는 필요에 따라 철을 생략하고 바닷물에 함유된 니켈이나 구리를 이용할 수도 있다.

단세포는 이따금 근해에서 생물을 몰살하는 유독한 적조를 일으키기도 한다. 원인은 여름의 고온인데, 계절에 따라 북부에서 일어나기도 하고 남부에서 일어나기도 한다. 봄과 이른 여름에 가정집과 인조 비료를 뿌리는 농장에서 나온 질산염과 아질산염이 강물로 흘러들면 잉여 질소가 급증하여 이 과정이 촉발된다. 질소가 풍부한 물은 바닷물 기둥에

갇히기까지 시간이 좀 걸린다. 잉여 질소가
있으면 단세포는 야간 질소 환원 작업을
활발하게 벌인다. 단세포는 생장하고 분열한다.
그러고는 다시 분열한다. 금세 박테리오파지를
위한 잔치가 벌어진다. 박테리오파지는 급증한
단세포를 먹어치우지만, 소화하려면 산소가
필요하다.

　　물은 산소가 부족한 빈산소 수괴가 된다.
수생 동물이 죽는다. 그곳의 수역도 죽는다.
바다는 회복이 느리다.

　　바다의 보이지 않는 숲은 전 세계 대기
중 산소의 약 절반을 생산한다. 나머지 절반은
세계정원의 큰 숲에서 만들어낸다. 지구의 두
숲인 작디작은 단세포와 크디큰 나무 사이에는
동시성이 있다. 이 동시성의 근원은 물과 공기가
만나는 바다의 접촉면이다. 액체와 기체가
뒤섞이는 이 지점에서 보이지 않는 무언가가
일어난다. 세계숲을 벌목하여 가뭄이 생기면
해수면도 메마른다. 그러면 증발 때문에
바닷물의 염도가 높아진다. 이 때문에 해수면의

화학적 조성이 달라지고 이산화탄소를 뽑아내어

탄산염으로 전환하는 능력도 영향을 받는다.

단세포가 굶어 죽고 대기 중 산소가 감소한다.

오직 한 분만이 이 균형이 얼마나 훌륭한지

알았다. "태초에 세상이 있었다⋯." 너무도,

너무도 훌륭한 세상이.

지구 온난화

탄소 순환에 필수적인 세계숲이 벌목되면
대기는 점점 더 달궈진다

테니스의 인기는 놀랄 일이 아니다. 단식 경기는
캄브리아기부터 개최되었다. 태양과 지구는
에너지 공을 네트 너머로 주거니 받거니 보낸다.
이 경기는 아주 오랫동안 쉼 없이 벌어지고
있었다. 운석이 떨어지거나 이따금 화산이
분화하는 이변이 일어나기는 했지만 테니스
경기가 완전히 중단된 적은 한 번도 없었다.
아직까지는. 그런데 미래의 경기는 썩 밝아
보이지 않는다. 뭔가 잘못되었다.

　　밝혀지지 않은 것은 네트 자체다. 여느

네트와 마찬가지로 이 네트는 경기의 한계를
정하고 경계선을 그린다. 네트가 없으면 경기
자체를 벌일 수 없다. 어떤 의미도 없을 것이다.
따라서 네트는 중요하다. 아주 중요하다. 네트는
지구 대기다.

　　네트에는 이야기가 있으며 매우 독특한
역사도 있다. 여동생 금성이나 남동생 화성과
달리 우리의 작고 온순한 행성인 어머니
지구에서는 생명이 살아갈 수 있다. 대기가
생명을 지탱할 수 있는 것은 충분한 산소와
훨씬 풍부한 질소가 공급되기 때문이다. 이것은
지구에서 자연적으로 일어나는 현상이다. 산소와
질소는 기체 형태일 때도 있고 유기 화합물
속에 갇혀 있을 때도 있다. 산소와 질소 둘 다
이산화탄소라는 또 다른 대기 기체를 조절하는
생명의 순환에 참여한다.

　　이산화탄소는 죽음의 기체다. 우리에게
유독 기체로 알려져 있는데, 금성과 화성에
매우 매우 높은 농도로 존재한다. 우리의 궤도
이웃 금성과 화성의 이산화탄소 농도는 (적어도

우리가 이해하는 형태의) 생명을 결코 지탱할 수
없을 것이며 한 번도 그랬던 적이 없을 것이다.
매우 기이한 것은 한때 지구도 두 이웃처럼
이산화탄소 농도가 유독한 수준이었다는
것이다. 어떤 놀라운 일이 생기기 전까지만 해도
지구는 생명을 지탱할 수 없었다. 대기의 역사는
빅뱅 이론에 연결되어 있다. 어떤 빅뱅이든.
이것은 진화와 신의 계획에 연결되어 있다. 어떤
창세이든.

그 생명의 베틀에 가로놓인 씨실은 수학이다.
통합성에 바탕을 둔 우아하고 단순한 수학이다.
이 수학이 행성 지구를 매만져 은하의 보석으로
탈바꿈시켰다.

하지만 대기의 역사가 늘 감미롭기만 한
것은 아니었다. 선캄브리아기의 어느 시점에는
대기의 98퍼센트가 이산화탄소였던 것으로
추정된다. 그곳엔 뭍이 있었고 물이 있었다.
생명의 입맞춤이 닿은 곳은 물속이었다.
그것이 메탄이었는지, 다른 단순한 유기
화합물이었는지는 논쟁거리다. 그 탄소

입맞춤으로부터 생명체가 진화했다. 이
생명체의 골격계는 탄소를 토대로 삼았다. 이
입맞춤으로부터 세균, 조류, 지의류, 균류,
해파리, 해면이 진화했다. 이 생물들이 꾸준히
노력한 덕에 결국 지구의 대탄소 시대가 활짝
열렸다. 이 시대를 석탄기라고 부른다.

생명이 본격적으로 과업에 착수한
것은 탄소가 풍부한 석탄기 바다에서였다.
생물다양성은 더 많은 생물다양성을 낳았으며
이는 오늘날 흔한 생명 형태로 이어졌다. 대기
중 이산화탄소 기체는 따뜻한 바다의 탄산염
껍데기와 바다 생물의 탄소로 탈바꿈했다.
이 생물들은 수학적 질서에 따라 정확하고
우아하게 분열하고 발전하고 증식했다. 대기
중 독성 이산화탄소 기체를 감소시키고 수용성
탄산염으로 전환시켜 해저와 암석과 산에
가뒀다. 그 덕에 대기 중 산소가 증가할 수
있었다.

대기 네트는 태양과 지구 사이에 자리
잡았다. 이 네트는 모든 생명이 자외선 복사

때문에 손상되지 않도록 지켜주었다. 땅에서
진화하는 새, 포유류, 식물의 연약한 생명 형태를
보호했다. 그 바탕도 탄소였다. 거대 양치식물,
거대 이끼, 석송이 속새류와 더 신기한 (띠 모양
잎이 꽁지머리처럼 늘어진) 소철류 같은 나무와
더불어 진화하면서 꽃, 나무, 인간의 세계가
통합의 수학 공식에 들어왔다. 모든 생명이
좋았다. 유례 없는 생물다양성의 콧노래가 울려
퍼졌다.

경기는 계속된다. 태양과 지구의 테니스
경기다. 태양이 가열된 고에너지 공을 지구에
서브한다. 지구는 아직 공이 너무 뜨거워서
만지지 못하고 튕겨내어 식힌다. 공은 지구와
대기 사이를 왔다 갔다 한다. 공이 충분히 식으면
대부분의 에너지는 지구에 연료를 공급하고
나머지는 네트를 넘어 태양을 향해 돌아간다.

이런 튕김과 에너지 감소를 '온실
효과'라고 부른다. 태양 복사의 짧은 파장은
에너지가 작은 긴 파장으로 바뀐다. 이 적외선은
대기를 가열하고 땅과 바다의 생명을 위해

따뜻하게 유지한다. 왔다 갔다 반사되면서
효과가 증폭된다. 이것은 모두에게 이롭다.
경기가 순조롭게 진행된다.

　　지난 200년간 유기물 형태로 갇혀 있던
탄소가 연소되었으며 지금도 연소되고 있다.
그러면 이산화탄소가 대기 중으로 풀려나온다.
기체 이산화탄소를 격리하여 저장하는 거대한
세계숲이 벌목되었다. 그들과 바다의 탄소계
생물은 탄소 순환 톱니바퀴에 꼭 필요한 톱니다.
이산화탄소가 다시 대기 중에 쌓이고 있다.
지난 200년간 두 배로 늘었다. 대기 네트에 걸린
새로운 이산화탄소는 적외선 에너지를 너무
세게 튕겨내어 온실 효과를 증가시킨다. 대기가
달궈지고 있다.

　　경기가 끝을 향해 치닫고 있다. 아직
시간이 남아 있긴 하지만 네트를 제때 수선하지
않으면 하늘의 위대한 심판이 마지막으로 이렇게
외칠 것이다. "네트! 경기 종료! 그만하세요.
네트입니다. 경기할 사람이 남았나요? 누군가
있어야 합니다… 어딘가에."

새와 벌

**나무와 숲은 날짐승의 보호처이자 이착륙과
산란까지도 돕는다**

초음속으로 날아가는 제트기이든, 바람에
나풀거리며 나른하게 날갯짓하는 나비이든
하늘을 날려면 반드시 이륙해야 한다. 새도
이 규칙의 예외가 아니고 벌도 마찬가지다.
많은 식물도 씨앗을 퍼뜨리려면 이륙해야
한다. 나무와 숲은 하늘을 나는 주민들을 위해
이륙장과 착륙장을 내어준다. 항로와 활주로도
제공한다. 안전한 이착륙은 새와 곤충에게
중요하다. 먹이와 물만큼 필수적이다.
　　세계정원의 모든 나무는 이륙장을

제공하고 항로를 보호한다. 어떤 나무는 한발
더 나아가 가시를 돋워 날짐승이 편히 쉬고 숨을
곳을 제공한다. 새들이 이용하는 항로는 기억에
저장되어 있다. 새들이 이 장소들을 어찌나
뻔질나게 드나들던지 많은 나무와 떨기나무는
새들이 끊임없이 내려앉는 통에 껍질에 물집이
잡혔다.

비행과 체공은 식물계의 많은
관다발 식물과 비관다발 식물도 이용한다.
어릴 적 흔히 보던 광경이 있다. 민들레의
설상화舌狀花(통꽃부리의 하나로, 한 꽃에 있는 꽃잎이
서로 붙어 아래는 대롱 모양이고 위는 혀 모양이다.－
옮긴이) 승강장에서 씨앗들이 바람을 타고
낙하산 점프를 하는 광경이다. 입김을 훅 불어
이 낙하산을 사방으로 날려본 적 없는 아이는
없을 것이다. 하지만 씨앗 모양에 맞게 세심하게
조율된 이륙도 있다. 단풍나무과의 익과가 좋은
예다. 익과는 쌍둥이 열매가 비스듬히 벌어져
있어서 회전력을 얻어 하늘을 난다. 또 다른
교묘한 수법은 이끼에게서 볼 수 있다. 내피막은

수정의 결실로서 캡슐에 뾰족한 모자를 씌운
모양이다. 내피막에는 특수한 세포들이 원형으로
배열되어 있는데, 이 세포들은 공기 습도에 매우
민감하다. 조건이 맞아떨어지면 내피막은 거대
투석기와 같은 회전력으로 홀씨를 발사하여
멀리멀리 보낸다.

　　　검독수리에서 벌새까지 많은 새들은
이륙에 대한 저마다의 호불호를 진화시켰다.
날쌘 파랑새는 동쪽을 바라보는 구멍 둥지에서
이른 아침 첫 햇살을 맞는다. 둥지 높이는
지상 6피트(2미터)를 넘지 않는다. 검은 눈의
비레오새는 미국물푸레나무*Fraxinus americana*의
튼튼한 요새에 홀로 몸을 숨긴다. 머리 높이쯤에
흰색으로 엮은 둥지는 나뭇잎 모양을 빼닮았다.
둥지와 내용물은 전혀 보이지 않는다.

　　　세계숲 나무의 가지들은 새들에게 꼭
필요한 것을 준다. 가지는 햇볕의 위로를
받으려고 나름의 방식으로 뻗어 나가지만 햇볕이
파고들 수 있도록 길을 터주기도 한다. 모든
새는 이런 식으로 햇볕을 받아야 한다. 태양은

새들에게 분자적 기적을 베푼다. 평범한 봄날이면 새의 비행 깃털에는 기름기가 감돈다. 이 기름에 녹아 있는 것은 지용성 필수 비타민인 비타민 D의 전구물질(생화학 반응에서 최종적으로 얻은 특정 물질이 되기 전 단계의 물질.—옮긴이)이다. 새는, 어떤 새든 양달에 앉아 일광욕을 한다. 그러면 태양의 광자에 들어 있는 에너지가 비타민 D 전구물질의 이중 결합을 끊어 온전히 기능하는 비타민 D로 바꾼다. 새는 깃털을 손질한다. 깃털을 청소하면서 필요한 비타민 D를 섭취한다. 비타민 D는 알을 낳는 데 꼭 필요한 성분으로, 새가 성공적으로 부화하여 번식하기 위한 최상의 토대를 놓는다.

가장 아름다운 꽃가루받이 곤충 중 하나인 나비의 나른한 날갯짓을 떠받치는 것은 다른 요소다. 최근 곤충학자들은 기상학자들과 손잡고 레이더를 이용하여 고고도 기류가 나비의 이주에 필요한 양력을 제공한다는 사실을 발견했다. 파나마에는 '나비의 강'이라는 표현이 있다. 나비는 대륙에서 공통된 날씨 변화의

계절적 패턴을 멋지게 활용한다. 알고 보니
제왕나비만 이주하는 것이 아니었다. 유황나비와
멋쟁이나비속*Vanessa* 등도 이주한다. 멋쟁이나비는
'단장한 숙녀'나 '붉은 제독'으로 불릴 때가 더
많다.

　　제왕나비는 멕시코의 나무 위 집결지에서
출발하기 전에 건조 중량의 125퍼센트를 지방
조직으로 채워 몸을 불린다. 이것은 산란에도
필수적이다. 그래서 제왕나비는 여행을 위해
금욕한다. 제왕나비는 독특한 항법 체계가
있는데, 햇빛의 편광을 이용한다. 나비의 겹눈은
편광의 복합적 메시지를 해독하여 항행 수단으로
이용할 수 있다. 봄이 되면 태양은 플레어라는
섬광을 내뿜는다. 이 태양 플레어는 햇빛의
정상적 광자를 편광화한다. 이렇게 빛 패턴이
달라지면 가시광선이 비가시광선으로 바뀌지만
나비는 감지할 수 있다. 나비는 편광에 의해
형성된 이미지를 길잡이로 삼는다.

　　편광의 세계는 나비에게 다른 풍경이다.
모든 식물과 특히 나무는 편광을 흡수하고

반사한다. 셀룰로오스와 헤미셀룰로오스의
세포벽은 이를 위해 독특한 패턴으로 배열되어
있다. 북부 지방이 여름에 접어들어 태양과
플레어가 지평선 위로 올라가면 풍경은 나비에게
보이는 이 빛을 반사한다. 인간의 눈으로 보려면
편광 렌즈가 있어야 한다.

수나비는 양지에 1등으로 도착하려고
경쟁하는 반면에 암나비는 산란을 위해
지방을 아끼려고 조심조심 날아간다. 먼저
와서 기다리는 수컷이 생명의 춤에서 제일
먼저 간택된다. 일찍 도착한 나비는 견과목의
정단분열조직을 차지하고 나머지는 멀찍이
떨어져 앉는다. 하지만 태양의 편광을 산란
패턴에 맞는 유도 장치로 쓰는 것은 매한가지다.
공기 덩어리의 계절적 이동으로 인한 양력은
날개 달린 미물美物을 하늘에 띄운다. 제트기도,
새도 마찬가지다. 인간은 부러운 눈으로 바라볼
수밖에.

노르웨이단풍나무

Acer platanoides

꿈의 세계

**아픔과 질병의 시기에 전 세계 식물과 나무는
꿈의 형태로 이야기했다**

꿈은 잠의 선물이다. 꿈은 잠재의식에 들어 있는
지혜의 거대한 창고에서 생겨난다. 꿈은 세계숲과
연관된 거의 모든 문화에서 특별한 의미를
가졌다.

　　꿈의 생화학 작용은 멜라토닌이라는
화학물질을 중심으로 일어난다. 멜라토닌은
방향족 탄화수소다. 하늘에 뜬 태양과 달의
움직임 주기를 따르는 규칙적 패턴으로
생성된다. 밤낮의 이 리듬에 의해 활성화되고
억제되는 멜라토닌은 꿈이 생겨나는 원천인 잠을

만들어낸다.

　　모든 나무도 숲의 꿈을 간직하고 있다.
나무는 멜라토닌과 비슷한 호르몬인 옥신auxin을
생성한다. 옥신도 방향족 탄화수소이며 계절에
따른 햇빛 변화에 반응하여 생성된다. 어둠에도
역할이 있다. 특히 뿌리가 있는 땅속에서
중요하게 작용한다. 이 광주기photoperiod(낮 동안
생물이 적절한 활동을 할 수 있도록 빛에 노출되는
시간의 단위.-옮긴이)는 번갈아가며 나무에서 잠과
숨의 균형을 유지하여 꿈이 생겨날 수 있도록
한다.

　　숲의 치료사들은 이 꿈을 파악할 수 있다.
꿈에 초점을 맞춰 의미를 확장할 수도 있다.
꿈에서 생겨나는 의미에는 매우 중요한 측면이
있다. 꿈은 꿈꾸는 사람의 삶에 개인적 의미를
가질 때가 많다. 문화 전반에 필수적일 때도
있다. 대체로 이런 꿈은 치료사가 특별한 때에
의지하는 꿈 탐험dream quest의 산물이다.

　　북아메리카 여러 지역에서는 꿈 탐험을
할 때 꿈의 원 안에서 꿈의 돌을 이용한 의식을

진행했다. 꿈의 돌은 매우 크고 넓적스름한 돌로, 사람이 기대어 설 수 있을 정도로 길다. 주로 화강암이고 빈 공간이 두 개 있는데, 하나는 머리를 위한 것이고 다른 하나는 엉덩이를 위한 것이다. 꿈의 돌은 언제나 헐벗은 채다. 수백 년 동안 부대낀 탓에 지의류가 결코 달라붙지 않는다. 살갗의 기름이 막처럼 덮고 있어서 어떤 식물도 자라지 못한다. 가운데 놓인 꿈의 돌을 작은 돌들이 널따란 원을 그리며 둘러싸는데, 큰 돌에서 일정한 거리를 두고 둥글게 펼쳐져 있다. 작은 돌들은 결코 서로 닿지 않는다. 언제나 둥글둥글하고 매끈하다. 꿈의 돌 모음이 늘 숲에 자리 잡는 것은 숲이 고요하기 때문이다.

꿈의 초점을 공공선에 섬세하게 맞추는 수단은 또 있다. 이 꿈은 예지몽이다. 먼 미래를 내다볼 수 있게 해준다. 존경받는 치료사가 꾸기도 하고 세계숲 전역의 다양한 문화에서 샤먼이 꾸기도 한다.

이 꿈을 꾸기 위해서는 향정신성 약물을 신성한 용량만큼 쓰는데, 제의적 방법이나

단식, 춤, 명상을 동원하기도 한다. 지금도
미래에 대한 꿈 예언을 위해 쓰이고 있는 숲
생화학물질이 하나 있다. 차가버섯*Inonotus
obliquus*(*Poria obliqua*라고도 알려져 있다)이라는 숲
균류를 모닥불에 천천히 태울 때 나는 고운
연기에는 특별한 에어로졸이 배어 있다. 익은
버섯의 솟아오른 자실체는 신기하게 생긴 시커먼
덩어리다. 연기에는 특수한 향정신성 화학물질이
들어 있다. 이 연기를 조심스럽게 들이마신다.
그러면 약효가 마음속에 전달되어 꿈을
만들어낸다. 매우 희귀하고 성스러운 이 식물은
스리랑카 열대림에도 서식한다.

　　　단식과 죽음은 강렬한 꿈을 꾸게 한다.
성스러운 것으로 간주될 때도 많다. 요즘
세상에 소개된 성스러운 꿈이 하나 있다.
호피족 연장자가 꾼 꿈이다. 이것은 죽음에
대한 비전 퀘스트vision quest(계시를 찾는 의식.—
옮긴이)다. 연장자는 죽을 때가 되자 모든 네이션
사람들에게 숲의 나무에 관심을 기울이라고
요청했다. 그런 나무 하나가 그의 꿈속에

들어왔다. 줄기에 빛의 원을 담고 있었다.
빛은 태양의 힘에서 왔다. 이것은 지구의 뭇
생명에게 생명의 힘으로서 전달되었다. 이 꿈은
모든 사람들에게 숲의 나무를 비롯한 자연을
존중하라는 경고다. 우리가 이해하는바 뭇
생명의 그물이 나무에 의존하기 때문이다.

아픔과 질병의 시기에 전 세계 식물과
나무는 치료사에게 꿈의 형태로 이야기했다.
아메리카 대륙에서 러시아, 발칸 제국, 인도와
아시아에 이르기까지 전 세계에서 이런 현상이
일어났다. 식물과 나무는 자신이 가진 약을
보여주었다.

어떤 때는 새로운 치료법이었다. 또 어떤
때는 식물과 나무 중에서 알려진 것과 알려지지
않은 것을 조합하기도 했다. 치료사는 치료법의
효과를 더해주는 새 식물을 찾아 떠나라는 말을
들었다. 그때마다 나무의 어느 부위를 벗겨내도
되는지 이야기를 들었다. 남쪽을 향한 줄기
부위의 약효가 가장 강하다. 북쪽을 향한 부위는
가장 약하다. 남반구는 정반대다. 뿌리, 꽃,

아린(나무의 겨울눈을 싸고 있으면서 나중에 꽃이나 잎이 될 연한 부분을 보호하고 있는 단단한 비늘 조각.—옮긴이)에 싸인 잎눈, 때로는 성숙한 잎도 쓰였다.

이 의료 지식은 치료사의 구전 학교가 되었다. 북아메리카에는 여덟 개의 주요 약전이 있다. 열대에는 더 많고, 추운 북부 한대수림에는 더더욱 많다. 천연 약의 이 원천들은 수확 규칙에 의해 보호받았기에 미래 일곱 번째 세대에까지 충분히 남아 있을 것이다.

이 약은 대다수 현대 의학 지식의 토대가 되었다. 건강을 위한 기회의 문을 두드리는 뜻밖의 노크는 야생으로부터 온다. 야생의 자연으로부터, 야생의 꿈으로부터.

지의류의 결혼

**지의류의 생화학 작용은 극한의 환경에서
살아남는 능력을 보여준다**

지의류는 시간과 같고 조류潮流와 같다. 결코
사람을 기다려주지 않는다. 지의류는 나무에서
자란다. 가지에 덩어리져 있다. 조간대 바위
표면에도 있고 북부의 너른 풍경에도 있다.
흙에서도, 울타리땅에서도 자란다. 지의류 위에서
자라는 지의류도 있다. 해골에 자리 잡는 좀
괴팍한 녀석들도 있다.

　　지의류 이야기는 과학적 미스터리의
이야기다. 지의류는 서로 무관한 별개의 두
식물종이 정략결혼을 하여 생겼지만 우리는

지의류를 진화의 나무에서 어느 위치에 두어야
할지 모른다. 지의류의 결혼은 조류藻類와 균류의
결혼이다. 둘은 엽상체라는 보금자리를 만든다.
하지만 이 결혼에는 어두운 측면이 있으니, 둘은
결혼 생활의 일반적 행복을 누리지 못한다.
오히려 노예제와 비슷해서 조류 배우자는
노예처럼, 균류 배우자는 주인처럼 행동한다.
이렇게 표현할 수도 있겠다. 균류가 농업을
발견했고 조류 배우자인 바닷말은 농작물인
것처럼 보이기도 한다.

세계정원에는 열대에서 극지방 근처까지
1만 4000종의 지의류가 있다. 그들은
한지황원寒地荒原(극지방 또는 고원 지대의 최고 기온이
섭씨 0도 안팎인 벌판으로, 식물이 거의 자라지 못한다.—
옮긴이)을 기어다니며 수도승처럼 산다. 옛날
옛적 세상이 젊었을 때는 그들도 남부럽잖은
삶을 살았다. 원시림에서 색색의 보석처럼
빛났다. 나무의 거친 줄기에 돛을 쳐서 바람을
받았다. 지의류의 흡기吸器(기생균이 숙주로부터
양분을 빨아들이는 특수한 기관.—옮긴이)는 이

바람으로부터 아침 이슬을 받아 마셨다.
지의류는 물기를 머금어 반짝거렸으며 예쁘게
채색한 보금자리에서 이슬을 감상했다. 가장
오래된 나무와 길게 뻗은 가지에서 지의류는
나무의 소매인 듯 팔다리를 늘어뜨렸다. 고대의
원시림은 웅장한 재킷처럼 지의류를 등에 걸쳤다.

　　엽상체 구조의 외벽을 형성하는 균류에
대해서는 밝혀진 것이 별로 없다. 그들은
균계菌界에서 가장 발달한 종 출신이다.
자낭子囊이라는 주머니가 있어서 자낭균이라고
불린다. 자낭균은 묵직하고 촘촘한 자낭
홀씨에서 번식한다. 이 미지의 균류는 고대
바다에서 단순한 식물을 붙잡아 지의류 세계의
특이한 부부 관계의 포로로 삼았다.

　　바다 쪽 배우자는 남조류로, 여느
포유류처럼 배 속에 글리코겐이 들어 있어서
남세균cyanobacteria이라고 불리기도 한다. 다른
조류가 선택될 때도 있다. 해양 상층부의 단세포
조류가 그들이다. 뭍에서도 서식한다. 축축하고
어두운 곳을 좋아한다. 이따금 중혼의 손길이

닿아 두 종의 조류가 한 침대에서 발각되기도
한다.

　　　조류는 비록 약자이기는 하지만 엽상체
보금자리의 형태를 결정한다. 어떤 면에서
지의류 종 자체를 결정하는 셈이다. 조류는
초록색 광합성 부엌에서 일한다. 엽록소는
틸라코이드thylakoid라는 막에 달라붙어 있다.
이 구조는 매우 원시적이다. 이에 반해 관다발
식물의 엽록체 상자는 단단하고 우수하며, 자체
핵 DNA 조각에 의해 독립적으로 관리된다.

　　　조류의 엽록소는 여느 엽록소가 하는
일을 한다. 이산화탄소와 물을 흡수하여
식량을 만들어낸다. 식물의 평범한 당과
알코올 복합체다. 이 식량은 균류 배우자에게
필요한 것으로, 균류는 필요한 설비가 없어서
광합성으로 식량을 만들지 못하기 때문이다.
그래서 균사를 조류의 세포에 보내어, 공정한
수단으로든 부정한 수단으로든 조류의 흡기
세포를 다공성으로 만든다. 그러면 삼투압 펌프
작용에 의해 소르비톨 당이 단세포 조류 밖으로

269

빠져나온다. 남조류에게서는 포도당 용액을
얻는다. 이렇게 배를 채운 균류는 바쁘게 몸을
놀려 이 당을 만니톨mannitol이라는 형태로 바꿔
저장한다. 균류가 실제로 섭취하는 것은 만니톨
당이다.

조류 성분은 생명 활동에 중요한 또
다른 일을 한다. 그것은 질소고정이다. 조류가
생산하는 효소는 공기 중 질소를 뽑아내어
질산염과 아질산염으로 바꿀 수 있다. 이것은
모든 생명의 바탕인 단백질 제조를 위한 통로다.
물론 조류는 이렇게 만든 단백질을 균류와
공유해야 한다. 하지만 시야를 넓혀 보면 조류는
삶과 죽음의 순환을 통해 세상과도 단백질을
공유한다. 이것은 바다에서 못지않게 뭍에서도
중요하다. 이번에도 숫자가 관건이다. 수가
많을수록 효과가 커진다. 지의류가 득세한 전
세계 한대수림이 좋은 예다. 한대수림은 대기
중 이산화탄소를 격리하여 국소적 질소 순환을
통해 질소고정을 재차 실시하는데, 이것은
북부에 서식하는 생명의 먹이 및 번식 순환에

두루 중요하다. 이 생화학적 균형은 아직 제대로 밝혀지지 않았으며, 한대수림을 보호해야 하는 중요한 이유다.

모든 지의류 종에서는 무척 다양한 화학 작용이 벌어진다. 많은 유기 화학물질이 지의류에서만 발견된다. 이 일련의 분자 활동은 한계 상황에서의 삶으로부터 생겨나며, 세상에서 가장 황량하고 적대적인 환경에서 살아남는 능력을 보여준다.

지의류가 생산하는 유기 화학물질은 600가지 이상이 발견되었다. 모두가 엽상체 보금자리에서 나름의 역할이 있다. 크산톤xanthone과 풀빈산pulvinic acid 같은 화학물질은 색소이며 햇볕을 받는 엽상체의 바깥쪽에서 발견된다. 엽록소 막에 대해 광증폭기 역할을 하여 효율을 증가시킨다. 지의류를 뜯어 먹는 유제류(발굽이 있는 포유류.—옮긴이)를 퇴치하는 화학물질도 있다.

항생 역할을 하는 화학물질도 많은데, 외래 균류 홀씨를 억제하거나 심지어 불청객 씨앗이 발아하지 못하도록 하기도 한다.

많은 화학물질은 엽상체를 보송보송하게
유지하고 내부에서 공기가 자유롭게 흐르도록
한다. 엽상체에는 분자적으로 물을 내보내는
특이한 능력이 있다. 또 다른 특이한 지의류인
석이*Umbilicaria esculenta*는 HIV 바이러스를
막아준다.

식물의 섹스

숲에도 파트너를 차지하려는 치열한 경쟁과
가시지 않는 성욕이 있다

이것은 경고다. 식물의 성생활은 심약한 자에게는
관람 불가다. 음란의 교훈은 홍등가에서만 찾을
수 있는 것이 아니다. 식물계에서도 적나라하고
버젓하게 벌어진다.

그런가 하면 가슴의 이야기도 있다. 아주
많다. 어떤 식물은 놀랍도록 훌륭한 어머니가
되는 반면에 또 어떤 식물은 옹졸하고 고약하다.

어떤 숲 이끼류는 자식 홀씨를
내피막이라는 주머니에 가둔다. 홀씨는 기후가
무르익어 비 소식이 들릴 때까지 감금된다.

건조한 나날이 끝나면 천장 창살이 행동에
돌입한다. 이 창살을 연치緣齒라고 부른다.
탄소 기반의 재료로 이루어졌으며 과학계에서
보기 드문 구조다. 꽉 맞물려 있는데, 건조한
여름날에는 힘이 더 세진다. 그러다 비가 내리면
늘어선 이빨을 열고 물을 받아들여 강력한 발사
체계를 작동시킨다. 홀씨는 멀리 널리 흩어져
굶주린 세계의 주둥이로 들어가고 어머니 이끼는
안도의 한숨을 내쉰다.

    이른 봄 헬레보레속*hellebore* 세계에는
영웅적 어머니 식물이 있다. 이 식물은 잉여 열량
에너지를 태워, 자라는 싹 주위의 눈을 녹인다.
얼음과 눈 위의 따뜻한 공기에 도달하면 열기를
더 발산하여 숨 멎을 듯 아름다운 꽃이 이른 때에
찾아온 벌들에 의해 수분하도록 한다.

    남부의 미국피나무는 벌의 고기 맛을
좋아한다. 질소에 굶주린 틸리아 토멘토사*Tilia
tomentosa*는 꽃꿀에 수면제를 탄다. 표적은
꽃가루받이 벌이다. 벌은 서늘한 그늘에서
천천히 죽어간다. 벌의 사체에서 공급되는

풍부한 질소를 가지고서 나무가 또 다른 계절의
섹스를 위한 모성 단백질을 만든다.

중국 남부에는 한술 더 뜨는 섹스
이야기가 있다. 이곳은 산세가 험한 숲으로,
절벽과 바위가 나무와 뒤섞여 있다. 이 열대
가마솥에서는 김이 모락모락 피어오르는데,
가열된 땅에서 올라오는 습기 때문만은 아니라고
한다. 과학자들은 아직까지도 머리를 긁적이며
이 문제로 골머리를 앓고 있다.

중국 남부의 이 열대림에는 장난꾸러기
굴피나무 중에서도 진짜 망나니 가족이 산다. 이
막장 가족은 생강과Zingiberaceae라는 이름으로
통한다. 이 빨강머리는 북아메리카 숲에
서식하는 점잖고 금욕적인 미국족두리풀*Asarum
canadense*과 아사룸 비르기니쿰*Asarum virginicum*의
친척이다. 얼굴을 레이스로 치장한 이 처녀들은
북아메리카 의료의 제단에 제 몸을 약으로
내어줌으로써 생계를 이어갔다.

문제의 중국 디바(뛰어난 여가수나
여배우.-옮긴이)는 카울로카엠프페리아

코에노비알리스*Caulokaempferia coenobialis*라는
아리송한 이름으로 통한다. 이 식물은 아직까지
일반명을 부여받지 못했다. 가운이나 내장에도
이름이 붙지 않았다. 떠 모양 잎을 달고 있는
이 처녀는 숲 바닥 근처에서 삶을 보듬고
있다. 하지만 그녀가 좋아하는 것은 넓은 바위
표면이어서 털처럼 생긴 덩굴손으로 매달린다.
수직의 바위에 수평으로 매달린 채 야한 노래를
부른다. 그녀의 애정은 절대적이다. 성숙하는
과정에서 은밀한 부위 안팎에 끊임없이 떨어지는
물기를 받아내다가 음탕한 성격을 지니게 되었다.

바위와 나무밖에 없는 오지에서 그녀의
섹스 파트너가 귀한 것은 놀랄 일이 아니다.
늘 습한 환경도 불리하게 작용한다. 그럼에도
주변의 엽록체 요리를 차지하려는 치열한
경쟁이 벌어지고 있기에 성욕은 가실 줄 모른다.
그렇기에 파트너를 갈망하고 있을 때 일진이
사나우면 그녀는 기발한 수를 생각해낸다. 모든
발명의 어머니를 모시고서 어떤 식물도 감히
시도하지 못한 일을 감행한다. 성욕 해소의 전체

과정을 혼자서 진행하는 것이다.

카울로카엠프페리아 코에노비알리스는
난자가 성숙하면 음부인 암술에서 단호하게
기름을 분비한다. 이때 그녀는 이완 상태이며
오후의 햇볕이 낮의 열기를 더욱 뜨거워지게
한다. 그녀는 앞으로 닥칠 상황에 고스란히
노출된 채 태양열에 부글부글 끓는다. 태양의
연민 덕에 기름은 팽창하여 퍼진다. 그녀의
꽃잎을 더듬다 금세 대기 중인 꽃가루를
찾아낸다. 이 수컷 부위는 그녀의 다른 은밀한
부위에서 한껏 무르익은 채 기다리고 있다.
오후가 되자 열기가 달아오른다. 온도가
올라가자 기름이 묽어져 점도가 낮아지고 흐름
속도가 빨라진다.

바야흐로 필연적인 사건이 일어날 참이다.
어김없이 예비 아빠의 가슴이 두근거린다.
하지만 힘든 싸움이 하나 더 남았다. 디바 자신이
수직으로 매달려 있는데, 위로 흐를 수 있는
것은 아무것도 없기 때문이다. 뉴턴 씨의 법칙이
이토록 혹독한 시험대에 오른 적은 일찍이

없었다.

　　꽃가루가 들어 있는 기름은 동심원을
그리며 둘레가 커진다. 이 현상은 디바의 몸에서
물리학의 모든 끌어당기는 힘이 표면 장력과
결합하여 일어난다. 기름 표면이 짝짓기 게임을
향해 구불텅구불텅 나아간다.

　　느닷없이 준비가 끝났다. 기름이
난자에 도달했다. 분열하는 꽃가루가 소매를
걷어붙이고 꽃가루관을 만든다. 이내 핵 화물이
움직인다. 알끈(알의 난황과 막 사이를 연결하는
끈 모양의 기관.—옮긴이)에 생식의 작별 인사가
전해지고 새로운 생명이 태어난다. 디바는 성적
삽입을 얻어내기 위해 누구보다 뛰어난 재능을
발휘했다. 실제로 그녀의 부류 중에서 그 누구도
물리학 법칙인 중력 법칙을 거스르지 못한다.
그녀는 또 다른 법칙인 양자역학 법칙을 분자적
방법으로 구사하여 목적을 달성했다.

　　이런 특이한 성교용 기름을 철저히
분석하면 흐름 속도가 꽃잎 표면에서의 움직임과
딱 맞아떨어진다는 것을 알 수 있다. 기름은

밖으로 향하는 힘이 중력과 일치하도록 흐른다.

경고음이 꺼졌다. 이제 눈을 떠도 좋다.

디바와 북아메리카 식물의 연관성은 약용
생화학물질에 의한 화학 작용뿐이다. 생각해보면
이것은 또 다른 이야기다.

더러운 빨랫감

나무와 숲은 전 지구적 미립자 오염에 대한
놀라운 해답을 가지고 있다

세상에는 새로운 폭력이 있다. 이 폭력은 나머지
모든 친숙한 폭력과 구별된다. 소리를 내지
않으며 청년에게도 노인에게도 결코 자비를
베풀지 않는다. 그 현장은 우리가 숨 쉬는
공기다. 공기가 더는 깨끗하지 않다.

　　새로운 폭력은 꽃가루 알갱이보다 작은
마이크로미터 단위로 측정된다. 이 폭력의
이름은 미립자 오염이다. 이 오염물질은
공중에 떠다닐 수 있는 미세한 물질 조각으로
이루어졌다. 충분히 작거나 가벼우면, 또는

비행에 알맞은 공기역학적 형태를 가지고 있으면 무엇이든 공중에 뜰 수 있다. 이 미세 입자는 지름에 따라 새로운 이름으로 불린다. 단위는 미크론(마이크로미터의 옛 이름.—옮긴이) 입자particle micron, 줄여서 PM이다.

크기는 중요하다. PM 2.5 이하의 오염 입자는 모두 인체에 치명적이다. 나머지 동물계에도 대부분 치명적이다. 미세 먼지는 공업, 소각, 화석연료 연소, 교통, 바람과 섞인 지구적 가뭄 패턴에 의해, 전쟁, 폭발, 화산 분출에 의해 생겨난다. 허공을 떠다니는 꽃가루도 한몫한다. 입자들은 도시의 공기와 도심 경관에 쌓이고 농축된다. 뭉쳐 다니는 입자를 스모그라 한다. 스모그는 한 해의 초기(북아메리카는 3월 중순)에 발생하며 전 세계에서 점점 잦아지고 있다.

크기가 2.5마이크로미터 이하인 입자는 허파를 자극하며 순환계 전체를 손상한다. 출생체중을 감소시키고 뇌 손상을 일으킬 수도 있다. 금속이 함유된 입자는 천식으로 인한

기도 협착을 악화한다. 허파의 숨길 속으로
더 깊숙이, 인체가 공기에서 산소를 뽑아내기
시작하는 작은 세기관지細氣管支까지 들어간다.
세기관지는 종잇장처럼 얇고 섬세하다. 그래야
임무를 완수할 수 있다. 오염 입자가 들어오면
산소 추출 과정이 방해받고 허파 조직이
자극받는다. 허파는 문제를 해결하기 위해 자유
라디칼free radical(짝을 이루지 않은 단일 전자를
가진 원자 또는 분자.－옮긴이)을 만들어내지만
이번에는 허파 조직이 섬유화되어 흉터가 생긴다.
허파가 섬유화되면 호흡이라는 자연적 행동이
힘들어진다.

　　심장에서도 비슷한 일이 벌어진다.
2.5마이크로미터 이하의 미립자 오염물질은
세동맥을 막는다. 동맥 중에서 가장 가느다란
이 세동맥은 산소가 풍부한 혈액을 각 부위의
조직으로 운반한다. 세동맥은 벽이 종잇장처럼
얇은데, 산소 전달을 완수하려면 좀 더
이완되어야 한다. 그 수단이 산화질소라는
용존 기체(액체에 녹아 있는 기체.－옮긴이)다.

하지만 2.5마이크로미터 이하의 미립자
오염물질이 존재하면 산화질소가 교란되어
제 역할을 하지 못하며 이 때문에 세동맥이
이완되어 산소를 전달할 수 없다. 그러면
건강한 조직이 국소적으로 손상될 수 있다.
동맥에는 엔도텔린endothelin이라는 조절단백질이
있어서 혈압을 국소적으로 조절한다. 미립자
오염물질은 이 단백질의 양을 증가시킨다.
정상적 조직에서는 문제 될 것이 없지만, 동맥벽이
굳어 죽상경화증에 걸리면 심장마비와 발작이
일어날 수 있다. 콧길도 손상되어 뇌 부위들이
아밀로이드 플라크(뇌 신경조직에 쌓여 알츠하이머를
유발하는 물질.-옮긴이)에 오염될 수 있다.

히치하이커들은 이 입자를 마법
양탄자처럼 타고 다닌다. 히치하이커의 정체는
온갖 종류의 탄화수소, 금속, 살충제 등이다.
다이옥신과 퓨란furan 같은 독성 물질은 뭉쳐서
이동하고 작용하여 더 치명적인 영향을 미칠
수 있다. 현대 무기에 쓰이며 반감기가 거의
무한대에 가까운 금속인 플루토늄과 같이

바나듐, 산화티타늄, 납 같은 다양한 금속들도 체내에 침입할 수 있다.

나무와 숲은 미립자 오염에 대해 놀라운 해답을 가지고 있다. 많은 나무는 잎이 종마다 다르다. 이 다양성은 잎의 해부 구조에서 볼 수 있다. 어떤 잎은 윗면에 납질 각피가 있다. 이 잎은 물을 튕겨내며 수용성 입자를 끌어당긴다. 잎의 아랫면은 보송보송하다. 이 솜털은 굵기가 몇 마이크로미터밖에 안 되는 잔털 수천 가닥으로 이루어졌다. 온전한 우듬지에서는 잔털 개수가 수십억 개에 이른다.

잎털에는 또 다른 특징이 있다. 굵직한 것이 있는가 하면 길쭉하고 가느다란 것도 있다. 넓은 작은자루pedicel에서 돋아 점점 가늘어지다가 핀 끄트머리만큼 뾰족해지는 것도 많다. 하늘하늘한 것이 있는가 하면 뻣뻣하고 곧은 것도 있다. 엽면葉面의 털 밀도도 다르다. 보송보송한 표면은 털이 많고 까끌까끌한 표면은 털이 적다. 게다가 엽면을 현미경으로 들여다보면 이랑과 주름이

가득하다. 이것은 주맥과 나머지 잎맥의 가파른
골짜기를 이룬다. 잎맥 패턴은 그물 모양일
수도 있고 외떡잎식물에서처럼 나란할 수도
있다.

우듬지 속 나뭇잎의 이 현미경적 세계는
촘촘한 빗처럼 공기를 거른다. 공기의 미립자
오염물질은 털의 현미경적 세계에서 비듬처럼
물리적으로 걸러진다. 전하를 가진 입자가
나무에 내려앉을 때도 있다. 이것은 날씨에
영향을 받으며 나뭇잎에서 발생하는 정전기
인력에 좌우된다. 나무와 숲은 빗자루나 거대한
빗처럼 행동한다. 수십억을 헤아리는 잎털은
공기에서 이 미세 입자를 걸러낸다. 줄기에
달라붙은 입자는 빗물에 씻겨 내려가며, 그러면
살아 있는 토양의 굶주린 미소생물상이 독성을
제거한다.

집 주변에 우듬지가 넓은 건강한 나무가
있으면 미립자 오염물질이 부쩍 줄어든다. 도심
숲과 우리가 사는 동네와 공원과 도시의 녹지는
도심 환경에 같은 영향을 미친다. 세계숲은

이 일을 지구적 규모에서 해낸다. 건강을 위한
살아 있는 벽이자 오염물질의 습격을 막아주는
기본적 방벽이다.

열정을 발휘하여

**아이는 자신이 좋아하는 나무를 이해했다.
그리고 배우기로 마음먹었다**

아이는 서서 나무를 올려다보았다. 아이가 선
곳에서는 나무가 하도 커서 교회 첨탑이 하늘을
찌르는 것 같았다. 아이는 나무 꼭대기를
보려고 까치발을 했다. 다섯 살배기의 다리가
후들거렸다. 아이는 뒤로 물러서면서도 물안개
커튼에 비친 맑고 푸른 하늘을 쳐다보았다.
떨어질 열매가 하나 더 있었다. 딱 하나 남았다.
아이는 마지막 작은 사과가 떨어질 때까지
기다릴 작정이었다. 나무는, 아이의 나무는, 가장
좋아하는 나무는 아니고 두 번째로 좋아하는

나무는 발치의 주황색 양탄자에 사과를 모조리
떨어뜨릴 것이다. 그러면 아이는 갓 떨어진 사과
이불 위에 서 있게 될 것이다.

아이는 일주일 전 맛있는 것에 대해
들었다. 아이의 나무는, 아이의 사과나무는
실은 사과나무가 아니었다. 산사나무American
hawthorn였다. 아이의 정원에 사는 미국인이었다.
아이의 정원에서 살려고 미국에서 먼 길을
찾아왔다. 저 미국인은 아이가 아끼는, 늘 아끼는
나무 옆에서 살기로 했다. 아이의 정원에서.
아이는 산사나무라는 낱말을 음미했다.
잊어버리지 않게 될 때까지 소곤소곤 되읊었다.
이것은 아이의 비밀 낱말이었다. 나무의
낱말이었다. 아이는 마지막 사과가 떨어질
때까지 끈기 있게 기다렸다. 오후 내내 기다렸다.
간식 시간 직전에 사과가 쿵 하면서 떨어졌다.
사과의 몸속에 있던 무언가의 먹먹한 소리였다.
사과는 나무 꼭대기에서 오랫동안 떨어지면서
자신의 작은 조각을 내놓았다. 아이는 이 마지막
것이, 이 마지막 사과가 멍들 것임을 알았다. 갈색

동그라미는 시간이 지나면서 사과의 흰 살에 퍼져 나갈 것이다. 시간이 지나면 멍이 사과를 통째로 집어삼킬 것이다. 아이는 사과에게 그 시간을 주지 않기로 마음먹었다. 저 마지막 사과는 자신의 사과가 될 것이다. 자신이 먹을 사과일 것이다.

아이는 마지막 사과를 먹으면서 자신의 왕국을 가늠해보았다. 자신도 왕국에 의해 가늠되고 있음을 알았다. 아이는 이곳에서 환대받았다. 이 정원의 일부였다. 아이가 이 정원을 소유한 것은 목격자이기 때문이었다. 목격자이기 때문에 누구와도 다르게 이해했다. 아이가 가슴속에서 소유권을 주장한 것은 이 때문이었다. 그냥 자신의 것이니까.

아이는 사과를 다 먹고서 심을 손에 쥐었다. 여느 사과이되 살짝 작은 것처럼 보였지만, 사과가 아니었다. 아이는 멍든 부분도 먹었다. 사과 조각이 혀 위에서 부서졌다. 아이는 사과가 갈변하고 시어지기 전에 먹어야 한다는 걸 알았다. 덕분에 사과는 썩지 않을 수 있었다.

아이는 나무에서 사과 한 알을 구출했다. 그래서 뿌듯했다. 아이의 친절한 행동은 나무를 위한 것이었다. 이번에는 몸을 돌려 자신이 좋아하는 나무를 쳐다보았다. 아이는 나무를 향해 미소 지었다. 나무는 다섯 발짝 떨어져 있었다. 온 세상을 통틀어 가장 좋아하는 나무였다. 이 나무보다 좋은 나무는 어디서도 찾을 수 없었다. 책을 들여다봐도, 다른 정원을 살펴봐도 없었다. 아이는 자신의 생각이 맞아서 으쓱했다. 이 나무가 최고였다. 으뜸이었다. 모든 나무의 제왕이었다. 왕국의 국왕이었다. 이곳은 아이의 왕국이었다. 아이의 정원이었다.

아이는 이 나무, 자신이 좋아하는 나무의 이름을 알고 있었다. 기억할 수 있는 한 그랬다. 그것은 아주 오랜 시간이었다. 아이는 세몰리나 푸딩(듀럼밀을 부순 밀가루인 세몰리나에 우유를 섞어 만든 푸딩.—옮긴이)에 넣을 나뭇잎을 따다 달라는 심부름 때문에 이곳에 왔다. 하지만 잎을 따고 싶지 않았다. 나무에 상처를 입히게 되리라는 걸 알았기 때문이다. 정원의 나무가 잎을 나눠주고

싫어 하지 않는다고 상상했다. 딱 한 잎만 따는
것조차 몹쓸 짓이었다. 하지만 기꺼이 잎을 땄다.
푸딩에 넣었을 때의 맛을 좋아했기 때문이다.
맛은 훌륭했다. 아이는 많이 먹는 법이 없었다.
그래서 빼빼 말랐다. 하지만 이 잎의 맛은
좋아했다. 입안에 남는 향미가 좋았다. 이 잎이
없으면 푸딩을 먹고 싶지 않을 거라 생각했다.
정말로.

　　　아이는 자신이 좋아하는 나무를 이해했다.
나무는 줄기가 비단결 같았다. 동물원 코끼리의
살갗처럼 회색이고 매끈했다. 만지면 서늘한
느낌이 들었다. 줄기에서 신선한 내음이 풍겼다.
아이는 알았다. 줄기 냄새를 맡았다. 아무도
이러지 않았으리라 확신했다. 나무는 봄에 작고
노란 꽃을 피웠다. 혼자인 꽃은 하나도 없었다.
꽃은 무리를 지었다. 아이는 이 꽃들을 결코
꺾지 않았다. 한 번도 그러고 싶지 않았다. 꽃은
나무의 일부였다. 어쨌거나 꺾을 블루벨 꽃은
얼마든지 있었고 그거면 충분했다.

　　　날이 어두워지고 낮이 짧아지고

사위가 으스스해지는 가을이면 아이의
나무는 비밀을 품었다. 어두운 비밀이었다. 그
비밀은 씨앗이었다. 열매는 둥글고 단단했다.
블랙올리브처럼 껍질에 둘러싸였다. 가운데
씨앗도 올리브처럼 둥글었다. 아이는 실수로
열매 하나를 밟은 적이 있었다. 열매는 납작하게
으깨졌다. 무척 강렬한 냄새가 났다. 말로 표현할
수 없는 냄새였다. 아이는 좋아하지 않았다.
다시는 밟지 않겠노라 다짐했다. 어쨌거나 어느
봄날에 씨앗 하나가 자갈밭에 떨어진 것을
보았다. 가는 흰색 뿌리 한 가닥과 작은 초록 잎
두 장이 돋아 있었다. 껍질은 검은색 모자처럼
뒤로 말려 있었다. 아이는 아기나무를 양손으로
고이 감싸 안전할 법한 어둑한 곳에 가져갔다.
그곳에서 영원토록 안전하길 바랐다.
        아이는 좋아하는 나무를 다시
쳐다보았다. 만족스러웠다. 아이는 이 나무에
대해 모든 것을 알고 있었다. 이름까지도,
가족까지도. 지식의 주문을 다시 읊었다.
"녹나무과Lauraceae." 월계수. 라우루스

노빌리스*Laurus nobilis.* "넌 바카이 라우리*baccae*

lauri(월계수의 옛 학명.—옮긴이)야. 고귀한

월계수란다. 그리고⋯ 언젠가 난 너에 대해 배울

거야." 아이의 열정은 숲속 깊숙이 닿는다.

서양산사나무

Crataegus laevigata

약초 찾기

가장 오래 사는 식물종은 가장 풍성한 약상자를
가지고 있을 가능성도 크다

전 세계 인구가 쓰는 약의 절반 가까이는
식물계의 온갖 식물에서 왔다고 추정된다.
나머지 절반은 이미 존재하던 것을 분자적으로
흉내 낸 것이다. 화학에서 설계를 좌우하는 것은
상상력이기도 하기 때문이다.

인류의 범주 바깥으로 눈을 돌리면
지구상에서 살아가는 모든 종은 이따금 약의
도움을 받아야 한다. 새는 모래 목욕으로
깃털의 이를 떨어내기 위해 마른 흙에 몸을
비비고 갯과 동물은 항생 효과를 얻기 위해

구주개밀*Agropyron repens*을 뜯어 먹는다.

꿀벌잡이노래기벌*Philanthus triangulum*은 흰색
천연물 표지를 길 찾기와 항생제 생산에 쓴다.
스트렙토미세스속*streptomyces*의 독특한 계통이
육아실에 들어오지 못하게 하기 위해서다.
포유류가 식물을 약용으로 쓰는 방법은 대체로
간과되었다. 동물이든 식물이든 바탕이 되는
생화학 모형은 비슷하다. 식물이 기능하기 위한
대사 경로는 포유류와 비슷하다. 둘 사이에는
동일성이 있는 듯하지만 이것은 한 번도 탐구된
적이 없다.

　　너무도 명백해서 오히려 눈에 안 띄는
상호 의존성도 있다. 가장 오래 사는 식물종은
가장 풍성한 약상자를 가지고 있을 가능성이
다분하다. 이 식물은 세계정원의 나무들이다. 이
보물 상자에서 나온 어떤 화학물질들은 놀라운
효과를 발휘하여 세계정원에서 역사의 경로를
바꿨다.

　　에르고타민ergotamine이라는 향정신성
화학물질은 대서양 양편에서 같은 시기에

쓰였다. 지금은 편두통 치료에 쓰인다.

북아메리카의 한대수림 부족들에게
에르고스테롤ergosterol은 정신을 예지로
이끄는 성스러운 약물이었다. 고등한 종류의
균류에 의해 제조되었다. 그런 균류 중 하나인
차가버섯은 자작나무과와 단풍나무과의 북부
수종에 서식한다. 족장이나 연장자는 짙은 색의
균사 덩어리를 향으로 썼다. 균사는 모깃불처럼
천천히 탔다. 차가버섯을 태울 때 나오는
에어로졸에는 에르고스테롤 유도체가 들어
있다. 이 연기는 족장이나 연장자의 뇌 활동을
변화시켰다. 뇌동맥 순환이 달라지고 미래의
패턴이 보였다. 이 제의적 정보는 부족 전체의
안녕을 위해 쓰였다.

유럽에서는 이미 6세기부터 에르고타민
생성 균류가 바쁘게 일했다. 이 종은
호밀이라는 곡물에 살았다. 호밀 가루는 예나
지금이나 흔히 쓰인다. 효과가 가장 뛰어난
균류는 맥각균Claviceps purpurea이었다. 사촌인
동충하초속Cordyceps의 도움을 받기도 했다. 이

균류는 숲의 무대에 싫증이 나자 익어가는 호밀
씨방의 몰랑몰랑한 녹말을 표적으로 삼았다.
감염된 낟알에서는 짙은 색의 치명적인 돌기가
돋았다. 동거를 위해 나아가는 두 균류 중
하나의 휴면기 상태였다. 돌기는 균핵이 되었다.
균핵을 쪼개면 북아메리카 차가버섯을 닮은 검은
덩어리가 나왔다.

   호밀 *Secale cereale* 을 베고 수확했다. 가루로
빻아 여느 때와 같은 갈색 호밀빵으로 구워 부엌
조리대에서 썰었다. 유럽 전역에서 이 감염된 빵을
먹은 사람들은 걸음걸이가 이상하게 변했다.
뜨거운 불 위를 팔짝팔짝 뛰는 사람처럼 보였다.
그래서 그들이 추는 춤은 성 비투스의 춤이라고
불렸다(비투스는 무도병이라 불린 헌팅턴병을 치료한
성인으로 알려져 있는데, 성 비투스 축일이 되면 사람들이
모여 춤을 추었다.-옮긴이). 이 춤판은 19세기
들머리까지 이어지다가 기후가 건조해지고
범인인 호밀 가루가 적발되어 퇴출되고서야
끝났다.

   에르고타민은 1000년 넘도록 흥미로운

기적을 일으키기도 했다. 유난히 심하게
뜀박질하는 사람들은 순례를 떠났다. 그들은
한 프랑스 수사가 기거하는 움막까지 가자 몸이
부쩍 좋아지는 것을 느꼈다. 뜀박질이 멈췄다.
그래서 참배소를 세웠다. 이 참배소에서 모든
뜀박질이 멈췄다. 그야말로 기적이었다. 수사의
이름은 안토니였는데, 이제 성 안토니우스가
되었다. 뜀박질이 멈춘 사람들은 모두 감사
기도에서 성 안토니우스를 언급했다. 이윽고
뜀박질뿐 아니라 기적적인 모든 것이 성
안토니우스의 덕분으로 여겨졌다. 뜀박질도 성
안토니우스의 불이라고 불린다는 수군거림이
돌았다. 성 안토니우스가 자신의 참배소에서
미끼를 던졌다는 것이었다.

하지만 치료법은 다른 식으로 찾아왔다.
순례객들이 성 안토니우스 참배소까지 뜀박질해
가는 동안 기후는 점점 건조해졌다. 맥각균과
동충하초의 균핵이 휴면 상태가 되려면
어둡고 습한 기후가 필요하기 때문에, 건조한
기후에서는 호밀 가루가 오염되지 않았고

순례객들이 배불리 먹은 호밀빵도 마찬가지였다.
에르고타민은 색깔 있는 오줌이 되어 몸 밖으로
배출되었다. 뜀박질은 참배소 문 앞에서 멈췄다.

　　미합중국은 1692년에 기적을 맛보았다.
하지만 이 사건들은 뜀박질에서 흔들기로
바뀌었다. 호밀과 균류는 순례자들을 따라
세일럼으로 갔다(1692년 매사추세츠주 보스턴
인근의 어촌 마을 세일럼에서 벌어진 사건을 말한다.
이 마녀재판에서 200명 이상이 기소되고 19명이
교수형에 처해졌다.―옮긴이). 기후는 축축하고
습해졌다. 균류는 고품질 균핵을 만들었으며
여성들은 마녀재판을 받는 신세가 되었다. 미래를
내다보는 능력이 언제나 좋은 것은 아니다….

호밀

Secale cereale

숲과 불의 수호자

새로운 세대의 아이들은 앞선 세대와 지구를
구원할 것이다, 생명에 대한 존엄으로

말은 책과 달리 오래됐다. 세계 문화의 구전
전통도 마찬가지다. 집단적 기억은 이야기, 노래,
시, 혈통의 구전 전통으로 살아 전수되었다.
이따금 문화 안에서 과거의 패턴으로부터 미래를
뚜렷이 내다보는 신비주의자가 등장하기도 했다.
이 신비주의자들은 예언자였다. 그들은 예언
능력을 가졌으며 그들의 말은 기억되었다.
　　어느 문화에서든 핵심은 구전 전통이다.
지혜를 뽑아내어 그 정수를 가슴에서 가슴으로,
세대에서 세대로 지켜낸다. 이 지혜는 집단적으로

취득되며, 쓰이기 위해 기억된다. 이 지혜를
모으는 사람은 문화마다 다른 이름으로 불린다.
북아메리카 토착민인 퍼스트 네이션 사이에서는
'불의 수호자'라고 불린다.

불의 수호자는 전설의 수호자다. 예언을
기억할 임무도 맡고 있다. 이런 미래 역사의
사건들은 일반적 시간 척도 밖에 있는 사건의
연대표에 따라 기록된다. 아무도 반박할 수 없는
시간표에 따라 사건을 미래의 시점에 놓는다.

예언은 매우 흔한 현상으로, 종종
보편적으로 받아들여지며 당대 대중의
의식에 스며든다. 이 또한 예언 자체를 위한
기준점으로서 공동으로 기억된다.

지금 우리 모두가 살아가는 시기의
직접적 미래에 대한 예언이 있다. 이 예언은 자연
자체에 대한 것이다. 자연, 또는 이따금 가이아로
묘사되는 어머니 자연은 복잡한 생명 그물로
이루어졌으며 그 속에서 만물은 서로 의존하면서
살아간다. 이 생명 그물망에서는 작은 것과 큰
것이 같다. 작은 것은 생명의 힘을 얻기 위해 큰

것에 의존한다. 톱니 하나하나가 모든 바퀴에
놓이는 데는 이유가 있다. 균형도 존재한다. 이
거대한 체계에서 벌어지는 작은 움직임으로 모든
것이 발맞춰 돌아간다.

　　이 예언에도 시간표가 있다. 예언은
북아메리카 설탕단풍나무*Acer saccharum*가 떼 지어
죽는 시기에 실현될 것이다. 설탕단풍나무는
아메리카 동부 해안 지대의 거대한 식량 나무다.
이 나무들이 끄트머리부터 쇠하기 시작할
것이다. 처음에는 꼭대기가 시들어 죽을 것이다.
그다음에는 질병이 아래로 퍼져 잎이 모조리
떨어질 것이다. 이 죽음은 자연 파괴 시간표의
시작이다.

　　자연이 유린당하기 시작했다. 다른
나무들도 갖가지 병충해로 인해 쓰러질 것이다.
숲의 상실은 참화의 시기를 예고할 것이다.
사람들은 자신이 무슨 짓을 저질렀는지 깨닫지
못한 채 파멸의 길을 계속 걸어갈 것이다. 오늘날
민족들로부터 아이들의 새로운 세대가 떠오를
것이다. 이 아이들은 앞선 모든 사람과 다를

것이다. 이 아이들은 많은 재능을 가졌을 것이다.
놀라운 일을 해낼 수 있을 것이다.

이 아이들은 주로 텔레파시 재능을 가질
것이다. 설령 서로 모르더라도 지구를 가로질러
소통할 수 있을 것이다. 그들의 식별 기준은 젊음
자체일 것이다. 이 아이들은 꿈의 재능도 가졌을
것이다. 그들은 꿈에서 뚜렷한 환상을 볼 것이다.
이 꿈으로부터 자연에 무슨 일이 일어났는지
이해할 것이다. 부모들이 무슨 짓을 했는지
이해할 것이다. 많은 아이들은 예언의 재능도
가졌을 것이다. 처음에는 두려워하겠지만 그러다
깨달음을 얻을 것이다.

그러고 나면 이 세대 아이들은 지구와
자연을 집단적으로 돕고 싶어 할 것이다.
지구를 가로질러 마음속에서 손잡을 것이다.
부모의 방식을 변화시킬 것이다. 서로 용기를
북돋울 것이다. 이 생명의 원 안에서 꿈을 통해,
예언을 통해 부모를 구원할 것이다. 부모를
구원함으로써 지구를 구원할 것이다.

이것은 오래된 전설이다. 컴퓨터나

인터넷이 등장하기 전으로 거슬러 올라간다.
라디오, 텔레비전, 대중매체, 심지어 전기가
출현하기도 전이었다. 설탕단풍나무가 건강하고
메이플시럽용 수액을 듬뿍 내어줄 때의 이야기다.

불의 수호자 전설을 하나로 모으면 그곳에
진실이 있다. 매체는 자연이 혹사당하는 이야기로
가득하다. 자연을 보호해야 하는 자들이 찰나의
망설임도 없이 무심하게 한대수림을 도마에
올려놓는다. 사할린섬과 러시아 본토 사이의
타타르해협에는 크릴새우가 풍부한 수역이 있다.
그곳은 북극고래가 새끼를 낳고 대형 고래들이
먹이를 찾는 곳이지만, 더 많은 석유를 원하는
자들은 죽음의 음파 탐지기를 바쁘게 들이댄다.
탐욕에는 끝이 없고 지구의 자원 기반을 지속
가능하게 관리하는 일은 시작될 기미가 없어
보인다.

하지만 아이들은 존재한다. 아이들은
지구를 관리하는 더 나은 방법을 배웠다.
소비주의는 그들의 삶에 견딜 수 없는 고독의
구멍을 뚫는다. 이미 그들은 다른 무언가, 막연한

무언가, 인종에 대해 색맹인 무언가를 향해 다가가고 있다. 그것은 존엄, 생명의 존엄, 뭇 생명의 존엄이라고 불린다.

감사의 글

살아 있어줘서 고마운 사람들이 있다. 그중 한
명이 나의 남편 크리스천 H. 크로거다. 우리는
한 팀을 이뤄 일한다. 나는 글을 쓰고 남편은
멋진 사진을 찍는다. 남편은 부드러운 손길로 내
글을 편집한다. 나의 목소리가 들릴 수 있도록.
이렇게 할 수 있는 사람은 별로 없다. 제작
솜씨를 발휘하고 활기찬 분위기를 선사해준
낸시 워트먼에게도 따뜻한 감사를 보내고
싶다. 낸시의 남편 린 워트먼에게도 감사한다.
뉴욕에는 두 사람이 더 있다. 나직한 목소리의 폴

슬로백은 나의 편집자로, 나의 꿈을 들어주었다.
저작권 대리인 스튜어트 번스타인은 물론 최고
중의 최고다. 이 사람들이 주위에 없었다면 이
책은 빛을 보지 못했을 것이다. 가까움은 마음의
작용을 증폭하여 창조의 불꽃을 일으키기
때문이다.

참고 문헌

Arnold, Elizabeth, and Keith Clay. "Sweet Lurkers, Cryptic Fungi Protect Chocolate-Tree Leaves." *Science News*, 2003년 12월 (vol. 164, no. 24), 374.

Baldwin, I. T. "Chemical SOS Not Just for Farm Lab Plants." *Science News*, 2001년 3월, 166.

Beresford-Kroeger, Diana. *Arboretum America: A Philosophy of the Forest*. Ann Arbor: University of Michigan Press, 2003.

_____. *Arboretum Borealis: A Lifeline of the Planet*. Ann Arbor: University of Michigan Press, 2010.

_____. *Bioplanning a North Temperate Garden*. Kingston, Ont.: Quarry Press, 1999.

_____. "The Black Willow." *Grand Traverse Band News*,

2008년 7월, 21.

_____. "Exceptional Shade Trees." *Nature Canada*, 2005년 봄, 33.

_____. *A Garden for Life: The Natural Approach to Designing, Planting, and Maintaining a North Temperate Garden*. Ann Arbor: University of Michigan Press, 2004.

_____. "King of the Forest." *Nature Canada*, 2000년 봄, 16-19.

_____. "The Oak." *Nature Canada*, 2005년 봄, 29.

_____. "Preserving the Butternut Tree." *Eco Farm and Garden*, 2003년 봄, 44-47.

_____. "A Summer Beauty." *Nature Canada*, 1999년 겨울, 18-19.

Boon, Heather, and Michael Smith. *The Botanical Pharmacy*. Kingston, Ont.: Quarry Press, 1999.

Borror, Donald J., and Richard E. White. *A Field Guide to the Insects of America North of Mexico*. Boston: Houghton Mifflin Co., 1970.

Brodo, Irwin M., Sylvia Duran Sharnoff, and Stephen Sharnoff. *Lichens of North America*. New Haven: Yale University Press, 2001.

Budavari, S. *The Merck Index: An Encyclopedia of Chemicals, Drugs and Biologicals*. 11th ed. Rahway, N.J.: Merck, 1989.

Casselman, Bill. *Canadian Garden Words*. Toronto: Little, Brown, 1997.

Chenoweth, Bob. "The History, Use and Unrealized Potential of a Unique American Renewable Nature Resource." *Northern Nut Growers Association Annual Report* 86 (1995): 18-20.

Chrisholm, Sallie, and Nicholas H. Mann. "Probing Ocean Depths, Photosynthetic Bacteria Bare Their DNA." *Science News*, 2003년 8월 (vol. 164, no. 7), 100-101.

Clausen, Ruth Rogers, and Nicholas H. Ekstrom. *Perennials for American Gardens*. New York: Random House, Inc., 1989.

Cody, J. *Ferns of the Ottawa District*. Ottawa: Canada Department of Agriculture, 1956.

Collingwood, G. H., and Warren D. Bush. *Knowing Your Trees*. Washington, D.C.: American Forestry Association, 1974.

Cormack, R. G. H. *Wild Flowers of Alberta*. Edmonton: Queen's Printers, 1967.

Cox, Paul Alan, Susan Murch, and Sandra Banack. "Plants, Bats Magnify Neurotoxin in Guam." *Science News*, 2003년 12월 (vol. 164, no. 23), 366.

Cox, Paul Alan, and Oliver Sacks. "Troubling Treat: Guam Mystery Disease from Bat Entrée." *Science*

News, 2003년 5월 (vol. 163, no. 20), 310.

Dahm, Werner J. A. "Soaring at Hyperspeed, Long Sought Technology Finally Propels a Plane." *Science News*, 2004년 4월 (vol. 165, no. 14), 213-14.

Davies, Karl M., Jr. "Some Ecological Aspects of Northeastern American Indian Agroforestry Practises." *Northern Nut Growers' Association Annual Report* 85 (1994): 25-39.

Densmore, F. *Indian Use of Wild Plants for Crafts, Food, Medicine and Charms*. Ohsweken, Ontario, Canada: Iroqrafts, 1993.

Edwards, Martin, and Anthony J. Richardson. "Early Shift, North Sea Plankton and Fish Move out of Sync." *Science News*, 2004년 8월 (vol. 166, no. 8), 117-18.

Fell, Barry. *Bronze Age America*. Toronto: Little, Brown, 1982.

Flint, Harrison L. *Landscape Plants for Eastern North America*. New York: John Wiley and Sons, 1983.

Fox, Katsitsionni, and Margaret George. *Traditional Medicines*. Cornwall, Ontario, Canada: Mohawk Council of Akwesasne, 1998.

Frazer, James G. *The Golden Bough*. New York: Avenel Books, 1981. 한국어판은 《황금가지》(한겨레출판사, 2011).

Granke, L. J. "Genetic Resources of Carya in Vietnam and China." *Northern Nut Growers' Association Annual Report* 82 (1991): 80-87.

Hamilton, J. W. "Arsenic Pollution Disrupts Hormones." *Science News*, 2001년 3월 (vol. 159, no. 11), 164.

Hashimoto, Kimiko, and Yoko Saikana. "Red Sweat: Hippo Skin Oozes Antibiotic Sun Screen." *Science News*, 2004년 5월 (vol. 165, no. 22), 341.

Heatherley, Ana Nez. *Healing Plants: A Medical Guide to Native North American Plants and Herbs.* New York: Lyons Press, 1998.

Henry, Brian. 북아메리카 토착민의 도착에 대한 개인 교신, Assembly of First Nations, Ottawa. 2009년 5월 15일.

Herity, Michael, and George Eogan. *Ireland in Prehistory.* New York: Rout-ledge, 1996.

Herrick, James W. *Iroquois Medical Botany.* Syracuse: Syracuse University Press, 1995.

Hillier, Harold. *The Hillier Manual of Trees and Shrubs.* Newton Abbot, Devon, England: David and Charles Redwood, 1992.

Hosie, R. C. *Native Trees of Canada.* Ottawa: Department of Fisheries and Forestry, 1969.

Howes, F. N. *Nuts: Their Production and Everyday Use.* London: Faber and Faber, 1948.

_____. *Plants and Beekeeping*. London: Faber and Faber,
1979.

Jaynes, Richard A. *Nut Tree Culture in North America*.
Hamden, Conn.: Northern Nut Growers'
Association, 1979.

Kingsbury, John M. *Poisonous Plants of the United States
and Canada*. Englewood Cliffs, N.J.: Prentice-Hall,
Inc., 1964.

Klarreich, Erika. "Computation's New Leaf, Plants May
Be Calculating Creatures." *Science News*, 2004년 2월
(vol. 165, no. 8), 123-24.

Klots, Alexander B. *A Field Guide to Butterflies of North
America, East of the Great Plains*. Boston: Houghton
Mifflin, 1951.

Krieger, Louis C. *The Mushroom Handbook*. New York:
Dover, 1967.

Krochmal, Arnold, and Connie Krochmal. *The Complete
Illustrated Book of Dyes from Natural Sources*. New
York: Doubleday, 1974.

Lee, Robert Edward. *Phycology*. 제2판. Cambridge:
Cambridge University Press, 1995.

Lellinger, David B. *A Field Manual of Ferns and Fern
Allies of the United States and Canada*. Washington,
D.C.: Smithsonian Institution Press, 1985.

Lewis, Walter H., and P. F. Elvin-Lewis. *Medical*

Botany: Plants Affecting Man's Health. Toronto: John
Wiley and Sons, 1979.

Liberty Hyde Baily Hortorium. *Hortus Third: A Concise
Dictionary of Plants Cultivated in the United States
and Canada.* New York: Macmillan, 1976.

Little, Elbert L. *Trees.* New York: Alfred A. Knopf,
1980.

Megan, Ruth, and Vincent Megan. *Celtic Art.* London:
Thames and Hudson, 1999.

Michl, Josef. "Mini Motors, Synthetic Molecule Yields
Nanoscale Rotor." *Science News*, 2004년 3월 (vol.
165, no. 12), 180.

Milius, Susan. "The Social Lives of Snakes from Loner
to Attentive Parent." *Science News*, 2004년 3월 (vol.
165, no. 13), 200-201.

_____. "Thoroughly Modern Migrants: Moths and
Butterflies—Round Trip Tickets Not Necessary."
Science News, 2004년 6월 (vol. 165, no. 26), 408-10.

_____. "Travels with the War Goddess." *Science News*,
2004년 5월 (vol. 165, no. 22), 344-46.

_____. "Warm-Blooded Plants?" *Science News*, 2003년
12월 (vol. 164, no. 24), 379-81.

Miller, Timothy L. "A Portrait of Pollution, Nation's
Fresh Water Gets a Check-up." *Science News*,
2004년 5월, 165, 325-26.

Mullins, E. J., and T. S. McKnight. *Canadian Woods: Their Properties and Uses.* Toronto: University of Toronto Press, 1981.

Mumby, Peter J. "Mangrove Might, Nearby Trees Boost Reef-Fish Numbers." *Science News*, 2004년 2월 (vol. 165, no. 6), 85-86.

Myers, Norman. *Gaia: An Atlas of Planet Management.* New York: Doubleday, 1984. 한국어판은 《가이아 아틀라스》(지영사, 2010).

Peters, Annette. "Heavy Traffic May Trigger Heart Attacks." *Science News*, 2004년 11월 (vol. 166, no. 20), 316.

Peterson, Roger Tory, and Margaret McKenny. *A Field Guide to Wild Flowers of Northeastern and North-central North America.* Boston: Houghton Mifflin, 1968.

Phillips, Roger, and Martyn Rix. *Perennials. 2 vols.* New York: Random House, 1991.

Pirone, P. P. *Tree Maintenance.* 제6판. Oxford: Oxford University Press, 1988.

Pryer, Kathleen M. "A Frond Farewell, Genes Hint That Ferns Proliferated in Shade of Flowering Plants." *Science News*, 2004년 4월 (vol. 165, no. 14), 214.

Rackham, Oliver. *The Illustrated History of the Countryside.* London: George Weidenfeld and

Nicolson, 1994.

Raloff, Janet. "Danger on Deck." *Science News*, 2004년 1월 (vol. 165, no. 5), 74-76.

_____. "Dead Waters: Massive Oxygen-Starved Zones Are Developing Along the World's Coasts." *Science News*, 2004년 6월 (vol. 165, no. 23), 360-62.

Ramsayer, Kate. "Infrasonic Symphony: The Greatest Sounds Never Heard." *Science News*, 2004년 1월 (vol. 165, no. 2), 26-28.

Reeves, Randall. 사할린섬의 대형 고래들에 대한 개인 교신, 2009년 5월.

Rupp, Rebecca. *Red Oaks and Black Birches: The Science and Lore of Trees*. Pownal, Vt.: Storey Communications, 1995.

Schopmeyer, C. S. *Seeds of Woody Plants in the United States*. Washington, D.C.: Forest Service, U.S. Department of Agriculture, 1974.

Small, Ernest, and Paul M. Caitling. *Canadian Medical Crops*. Ottawa: National Research Council of Canada, 1999.

Smith, Russell J. *Tree Crops: A Permanent Agriculture*. New York: Devin-Adair, 1953.

Stuart, Malcolm. *The Encyclopedia of Herbs and Herbalism*. London: Orbix, 1979.

Taylor, Kathryn S., and Stephen F. Hamblin. *Handbook*

of Wildflower Cultivation. New York: Macmillan, 1963.

Travis, John. "All the World's a Phage: Viruses That Eat Bacteria Abound—And Surprise." *Science News*, 2003년 7월 (vol. 164, no. 2), 26-28.

Uhari, Matti K. "A Sugar Averts Some Ear Infections." *Science News*, 1998년 10월 (vol. 154, no. 18), 287.

Waldron, G. E. *The Tree Book: Tree Species and Restoration Guide for the Windsor-Essex Region.* Windsor, Ont.: Project Green, 1997.

Wang, Ying Qiang. "A New Slimy Method of Self-Pollination." *Science News*, 2004년 9월 (vol. 166, no. 12), 190.

Wickens, G. E. *Edible Nuts*. Rome: Food and Agriculture Organization of the United Nations, 1995.

세계숲

2025년 1월 24일 초판 1쇄 발행

지은이   다이애나 베리스퍼드-크로거
옮긴이   노승영

펴낸곳   도서출판 아를
등록   제406-2019-000044호 (2019년 5월 2일)
주소   10881 경기도 파주시 문발로 139, 407호
전화   031-942-1832
팩스   0303-3445-1832
이메일   press.arles@gmail.com

아를ARLES은 빈센트 반 고흐가 사랑한 남프랑스의 도시입니다.
아를 출판사의 책은 사유하는 일상의 기쁨, 아름다움을 발견하는 즐거움을 드립니다.
◦ 페이스북 @pressarles ◦ 인스타그램 @pressarles ◦ 트위터 @press.arles